HEIDI HOWCROFT

# Bauen mit Holz im Garten

CALLWEY

## DANK

Ohne die Unterstützung und den Enthusiasmus begeisterter Handwerker wäre dieses Buch nicht möglich gewesen. An erster Stelle geht mein Dank an die Bauinnung München, vor allem Zimmermeister Wolfgang Weigl und seinen Lehrlingen, die sowohl das Spielhaus wie auch die Hundehütten und Rosenbögen ausgeführt wie auch die Arbeitsschritte geprüft haben.
Zu danken ist der Staatlichen Berufsfachschule für Korbflechterei in Lichtenfels unter Schuldirektor Alfred Schneider, die mir nicht nur Bildmaterial überlassen, sondern auch wertvolle Hinweise zum Thema Flechten gegeben hat. Mein Dank geht an Anne Roberts und Don Cochrane in Kanada, die großzügig die Geheimnisse des Stuhlbaus mit uns teilten.
Mein Bruder Peter Howcroft hat nicht nur meine Arbeit unterstützt, sondern hat mich in die Thematik des grünen Holzbaus eingeführt. Zum Schluß ein Dank an die Fotografen George Meister und Gary Rogers und an alle anderen, die ein Auge für beispielhafte Arbeit haben.



Abbildung auf dem Einband
Wie aussagekräftig Holz im Garten sein kann, beweist dieser Stadtgarten. Nicht nur Laubengang und Bodenbelag sind aufeinander abgestimmt, sondern auch die Umgebung.
Turn End, Designer Peter Aldington
Einbandrückseite Abbildungen Seite 8, 99 unten und 113.

Abbildung auf Seite 2
Gestaltung und Ausführung gehen Hand in Hand; ein schlechter Entwurf ist durch die beste Ausführung nicht zu retten, eine miserable Bauqualität schadet jeder Gestaltung. Wenn mit Bedacht entworfen und mit Sorgfalt ausgeführt wird, ist eine komplette Raumgestaltung mit allen dazugehörigen Accessoires, wie hier abgebildet, möglich.

Die Deutsche Bibliothek – CIP-Einheitsaufnahme
*Bauen mit Holz im Garten* / Heidi Howcroft. – München: Callwey, 1998
ISBN 3-7667-1327-2


Streitfeldstraße 35, 81673 München
http://www.callwey.de
e-mail: buch @callwey.de

Umschlaggestaltung Miriam Vesper, Tutzing
Satz Edith Mocker, Eichenau
Litho eurocrom 4, Villorba (TV)
Druck und Bindung MZ-Verlagsdruckerei GmbH, Memmingen
Printed in Germany 1998
ISBN 3-7667-1327-2

# INHALT

Der Charakter des Gartens wird nicht nur vom Gestaltungsstil und von den Pflanzen bestimmt, sondern auch dadurch, wie Holz als Baumaterial eingesetzt wird. Die breiten Bahnschwellen gehen allmählich in die Kiespflanzfläche über, das Blau des Pavillons unterstreicht die Leitfarbe im Garten. △

Im Kontrast zu dieser architektonischen Gestaltung fügt sich der Holzhäckselbelag ganz selbstverständlich in den Waldgarten ein. ▷

# EINFÜHRUNG

Holz kommt in fast jedem Garten in irgendeiner Form vor. Die Bandbreite von Gegenständen für den Garten, die aus Holz gefertigt werden können, ist enorm. Egal, ob es sich dabei um zweckmäßige Strukturen wie Zäune oder um dekorative Objekte handelt – alle müssen in ihrer Gestaltung und Bauweise dauerhaft sein. Denn im Freien herrschen andere Regeln für den Umgang mit Holz als im Hausinneren. Nicht nur die Plazierung und Einbindung im gesamten Gartenszenario, sondern auch die Eignung des Holzes und die Konstruktion für eine Verwendung im Freien können dem Laien Probleme bereiten: Woran liegt es, daß das wunderschöne Gartenhaus, abgebildet im Katalog, doch nicht so gut im eigenen Garten paßt, der Zaun eher eine Stolperschwelle als eine abweisende Barriere darstellt? Fragen, die mit Hilfe einiger Grundregeln zu beantworten sind. Probleme, die mit Hintergrundwissen vermieden werden können.

Aus einer breiten Palette von Möglichkeiten bietet dieses Buch Lösungen für jede Situation, für den winzigen Stadtgarten ebenso wie für den Landschaftsgarten. Dabei ist es das Ziel, die Welt des Holzes im Garten zu eröffnen und neben dem bekannten Bauschnittholz auch die Einsatzmöglichkeiten von lebendem Holz, Flechtwerk und Naturholzarbeiten zu zeigen. Zusätzlich zu den bekannten Beispielen werden ausgefallene vorgestellt, die sich eindeutig von den Industrieprodukten abheben und dem Garten das notwendige Flair verleihen. Besonderer Wert wird auf den Einsatz von geeignetem Holz gelegt, verarbeitet nach traditionellen Methoden, unter Berücksichtigung der Sondersituation Garten. Im technischen Teil über Holzarten, Holzverbindung und Holzschutz werden hierzu gezielte Hinweise gegeben, um ein Gefühl für das Material und ein Auge für fachgerechte Arbeit zu vermitteln.

Wer hat nicht schon einmal Hand angelegt und mit mehr oder weniger Erfolg etwas für den Garten gebaut? Sei es ein Rosenbogen oder ein Spalier – der Werkstoff Holz reizt zum Selbermachen. Jeder begabte Heimwerker ist in der Lage, mit Hilfe von fachkundigen Hinweisen, einigen Gestaltungsideen und dem passenden Werkzeug einfache Gartenelemente zu bauen. In Schritt-für-Schritt-Anleitungen wird der Bau einiger ausgewählter Objekte erläutert. Mit Hilfe des Buches lernt der Heimwerker aber auch, die Grenzen seines Könnens einzuschätzen und die Arbeiten mit höherer handwerklicher Leistung Fachkräften zu überlassen.

Im Buch werden die Leistungen einiger Handwerksbetriebe, die auf die Fertigung und das Bauen mit Holz im Garten spezialisiert sind, präsentiert.

Dank des innovativen Einsatzes von Holz in der modernen Architektur hat es hier den Sprung in die Moderne geschafft. Im Garten aber hat Holz sein »traditionelles« Image beibehalten, obwohl, wie die Abbildungen zeigen, eine wesentlich breitere und phantasievollere Verwendung möglich wäre.

*Heidi Howcroft*

# BODENBELÄGE AUS HOLZ

Holzdecks müssen nicht immer am Wasser sein. In diesem Gartenhof führen graulasierte Holzpodeste versetzt auf den Sitzplatz zu.

Ein sehr provisorischer, billiger, aber zweckmäßiger Bretterbelag im Gemüsegarten. ▷

Kaum eine andere Belagsart ist so vielseitig wie Holz – von Holzhäcksel für Wege in naturnahen Gärten bis hin zu Holzdecks in modernen minimalistischen Gärten: Für jede Situation gibt es etwas Passendes. Es ist nicht allein die Ausstrahlung des Materials, sondern auch die Qualität des fußfreundlichen fertigen Belages, was Holz beliebt macht. Jeder Belag wirkt am besten in der für ihn passenden Umgebung; bereits bei der Auswahl ist dies zu berücksichtigen. Häcksel braucht eine naturnahe oder gärtnerische Umgebung. Holzpflaster ist eher für kleinere Bereiche und Sondersituationen im Garten geeignet. Die scharfen Konturen von Holzdecks sind bestens im Zusammenhang mit klarer Architektur oder an ruhigen Wasserflächen angesiedelt. In allen Erscheinungsformen haben Holzbeläge gegenüber anderen Bodenbelägen den eindeutigen Vorteil des schnellen Aufwärmens und Trocknens. Mit Ausnahme von komplizierten Holzdecks können Holzhäcksel, Rund- und Kantholzpflaster, Holzroste, aber auch einfache Holzdecks ohne große Vorkenntnisse und Aufwand selbst ausgeführt werden.

### Allgemeine Hinweise

- Unbehandeltes Weichholz ist von kurzer Lebensdauer.
- Alle Holzbeläge sind bei Nässe rutschig. Für einen besseren Halt auf Holzdecks und Stegen sind Bretter mit geriffelter Oberfläche empfehlenswert.
- Holz mit direktem Bodenkontakt fault schneller als Holz, das an allen Seiten austrocknen kann.

### Der Aufbau des Holzbelags

Die Wege und Plätze im Garten sind als Flächen mit schwacher Belastung einzustufen und auszuführen. Von den Holzbelägen ist nur Kantholzpflaster für das Befahren mit Pkws geeignet, alle anderen Belagsarten besitzen nicht die entsprechenden technischen Voraussetzungen.

## Holzhäckselbelag: vom Gartenabfall zum Bodenbelag

Wer ein Häckselgerät besitzt oder ausleiht, kann anfallendes Holz vom Gehölzschnitt zerkleinern und als Bodenbedeckung im Garten verwenden. Achten Sie jedoch auf die Korngröße, denn weder zu grobes noch zu feines, torfähnliches Material ist gewünscht, vielmehr soll eine Mischung von 3 bis 5 cm großen Feinteilen hergestellt werden. Dieses ungebundene Material wird als Streudecke in 3 bis 10 cm Stärke ohne Einsatz von Spezialwerkzeug auf einen fachgerecht vorbereiteten Untergrund aufgebracht.
Mit der Zeit arbeiten sich die kleinen Teile nach unten, während die größeren an der Oberfläche bleiben. Ist die Fläche ohne Einfassung ausgeführt, wandern die Teile, und es ist notwendig, von Zeit zu Zeit frisches Material aufzutragen. Niederschlags- und Schmelzwasser werden vom Holz aufgesaugt und bei wärmerem Wetter langsam verdunstet. Wege, die viel begangen werden, müssen daher mit einem guten, sickerfähigen Untergrund ausgeführt werden, sonst verwandelt sich die Fläche nach jedem Regen in einen matschigen Brei.

Im Handel erhältlicher Rindenmulch besteht überwiegend aus Fichtenrinde, dessen Qualität durch die Gütegemeinschaft Rinde für Pflanzenbau (RM 1-5) kontrolliert ist.
Je nach Körnung wird unterschieden zwischen

| | | | |
|---|---|---|---|
| RM 1+2 | 10–80 mm | RM 4 | 0–80 mm |
| RM 1 | 10–80 mm | RM 5 | 20–80 mm |
| RM 3 | 0–40 mm | | |

Trotz der Nachteile dieses Belages handelt es sich um eine der billigsten Belagsarten, für die es in manchen Situationen keinen vergleichbaren Ersatz gibt.

Der Aufbau eines Weges oder Platzes setzt sich, von oben nach unten gesehen, folgendermaßen zusammen:
- die Decke, bestehend aus dem Belag und der Bettung
- der Oberbau, auch Tragschicht genannt, mit Frostschutzschichten. Je höher die Belastung, desto stärker müssen die Tragschichten sein.
- der Unterbau. Er trägt die oberen Schichten und leitet Wasser schnell ab. Auf kiesigem Untergrund ist es nicht notwendig, den Unterbau zu verbessern, auf lehmigen oder moorigen Böden ist dies unbedingt erforderlich.
- der Untergrund, d. h. der anstehende Boden.

In vielen der abgebildeten Beispiele ist die Belastung so gering, dazu der Unterbau ausreichend sickerfähig, daß nur die Decke ausgeführt wird. Sollte der Einbau einer Tragschicht erforderlich sein, ist dies in 30 cm Stärke (Kies oder Schotter als Packlage) mit entsprechenden Frostschutzschichten auszuführen.

**Kantholzpflaster-Einfassung zu einem Weg, bedeckt mit Holzhäcksel.**

## Rundholzpflaster

Ein Rundholzpflasterweg im Garten. Die angrenzende Pflanzung geht nahtlos in den Belag über. Statt kleiner Rundhölzer könnte der Zwischenraum auch mit Kies gefüllt werden.

Rundholzpflaster ist ein einfacher, im Vergleich zu Naturstein- und Klinkerpflaster kurzlebiger Bodenbelag, der sich in naturnahe Gärten gut einfügt. Die zwischen 10 bis 20 cm starken entrindeten Fichtenstammabschnitte sind im Durchmesser von 6 bis 30 cm – falls gewünscht auch größer – erhältlich. Rundholzpflaster ist nicht genormt und wird im allgemeinen als gemischte Ware geliefert. Kesseldruckimprägniertes Pflaster wird mit einer garantiert längeren Lebensdauer als unbehandeltes Weichholz angeboten. Die Verlegung erfolgt wie für alle Pflasterflächen auf einem fachgerecht ausgeführten Unterbau.

Unter Berücksichtigung der Gefahr, die direkter Bodenkontakt für das Holz darstellt, ist stehende Nässe zu vermeiden. Wasser muß schnell von der Fläche abfließen und das Holz schnell trocknen können. Deutliche Nachteile des Belages sind die Rutschgefahr bei Nässe, Neigung zur Moosbildung in beschatteten Standorten, kurze Lebensdauer (je nach Standort ca. 10 Jahre, auch bei Kesseldruckimprägnierung) und unter Umständen auch die starke optische Wirkung, die immer in den Vordergrund tritt.

Tips zur Gestaltung

- Das Pflaster immer im unregelmäßigen Verband verlegen.
- Dem Querschnitt des Materials entsprechend wirken organisch fließende Formen am besten.
- Platzgröße nach Bedarf und Größe des Gartenmobiliars ausrichten.

Tips zum Standort

- Als Standort ist die Verbindung mit Wald und Natur zu bevorzugen.
- Starke Tropfnässe ist wegen der dann glitschigen Oberfläche zu vermeiden.
- Feuchtigkeitsbeständige Standorte sind zu bevorzugen, Schwankungen in Feuchtigkeit und Temperatur führen zur Rissebildung.

## Kantholzpflaster

Während bei Rundholzpflaster die Einsatzmöglichkeiten eher beschränkt sind, kann Kantholzpflaster überall im Garten und in unmittelbarer Nähe von Bauten verlegt werden. Besser bekannt als Fußboden in Werkstätten und Industriehallen, wurde Kantholzpflaster um die Jahrhundertwende auch als lärmdämpfender Straßenbelag eingeführt.
Kantholzpflaster ist von wesentlich höherer Qualität als Rundholzpflaster; in der Regel wird es aus sägerauhen Kiefer-, Fichten- oder Eichen-Kanthölzern gewonnen und in regelmäßige Formate geschnitten. Gängige Größen sind

- Kuben mit 10 cm und 12 cm Seitenlänge
- rechteckige Querschnitte mit Kantenlängen von 8 bis 12 cm
- größere Formate, z. B. 10 x 16 x 20 cm und 10 x 18 x 24 cm.

Kesseldruckimprägnierte Fichtenholzklötze sind eine preiswerte Alternative zum Eichen-Kantholzpflaster, das nur beschränkt erhältlich ist.
Die Verlegung erfolgt wie für Rundholzpflaster auf einem fachgerecht ausgeführten Unterbau in Sand- oder Splittbett. Versetzte Fugen geben der Fläche einen besseren Halt als Kreuzfugen. Soll die Fläche ganzseitig eingefaßt werden, ist eine Doppelfuge einzuplanen, um die Dehnung aufzunehmen.

## Bahnschwellen als Bodenbelag

In Gartenschauen der 70er Jahre wurden mit Vorliebe Bahnschwellen als Bodenbelag verwendet. Selten flächendeckend anzutreffen, werden die Schwellen eher zur Gliederung einer Fläche eingesetzt, beispielsweise als Trittplatten in einer Kiesfläche. Wegen der – wie inzwischen bekannt ist – gesundheitsschädlichen Teerimprägnierung sollten gebrauchte Bahnschwellen nicht verwendet werden. Das bedeutet aber nicht, daß man auf diese Belagsform verzichten muß, denn es werden neue kesseldruckimprägnierte Bahnschwellen, auch Kiefernschwellen genannt, in verschiedenen Längen, mit oder ohne geriffelte Oberfläche und u. a. folgenden Querschnitten angeboten:

| | |
|---|---|
| 9 x 19 cm | 16 x 26 cm |
| 12 x 24 cm | 18 x 24 cm |
| 16 x 24 cm | 18 x 26 cm |

Wie alle Holzbeläge sind auch die Bahnschwellen auf einem fachgerechten, gut sickerfähigen Unterbau zu verlegen.

**Allgemeine Tips zur Ausführung von Holzpflaster und Flächen mit Holzschwellen**

- Benötigte Stückzahl errechnen und aufrunden.
- Immer Holzpflasterhölzer einer Stärke verlegen.
- Das Gefälle bereits im Pflasterbett berücksichtigen.
- Für den Ungeübten empfiehlt es sich, zuerst eine Probefläche zu pflastern.
- Bei der Bestellung von Sondergrößen längere Lieferzeiten einkalkulieren.
- Sollte das Holz stark ausgetrocknet sein, vor dem Verlegen mit einem Gartenschlauch wässern und quellen lassen.
- Die Fläche nie rundum mit einer unflexiblen Einfassung rahmen, sondern mindestens zwei Seiten offen lassen oder ganz auf eine Einfassung verzichten, um die natürlichen Bewegungen des Holzes zu berücksichtigen.
- Bei Weichhölzern kesseldruckimprägniertes Holz verwenden.

Neue Bahnschwellen, hinterfüllt mit Kies, gelegt als breite Blockstufen im Waldgarten.

## VERLEGEANLEITUNG – SITZPLATZ AUS RUNDHOLZPFLASTER

Material
Fichten-Rundholzpflaster, kesseldruckimprägniert, ø 6–25 cm
Bettung: Sand 0,5-mm-Körnung, frei von lehmigen Teilen. Nach Bedarf vermischt mit Promenadengrand (Wasser-Zement-Gebinde). Stets örtlich vorkommendes Material als Bettung verwenden, z. B. Splitt, Edelsplitt, Kies.

### ARBEITSABLAUF

**Auskoffern und Vorbereiten des Pflasterbettes**
**1.** Den zu pflasternden Bereich abstecken und auskoffern. Die Tiefe des Aushubs hängt von der Bodenbeschaffenheit ab. Bei sickerfähigem Boden mit geringer Verkehrsbelastung (Fußgänger) ist es ausreichend, die Aushubtiefe nach der Stärke des Rundholzpflasters plus der des Pflasterbettes zuzüglich 1 cm zu berechnen, in diesem Fall 16 bis 20 cm. Den Untergrund planieren und dabei die Gefälle berücksichtigen. Für einen unüberdachten runden oder quadratischen Platz empfiehlt es sich, die Mitte höher zu legen und ein gleichmäßiges Gefälle in allen Richtungen anzulegen (Kreuzdamm).

**2.** Die Platzmitte mit einem Eisenpflock markieren, 1 cm höher als die fertige Höhe des Belags eine Richtschnur spannen, Aushubtiefe mit einer Wasserwaage prüfen und gegebenenfalls nachbessern.

**3.** Mit 5 bis 10 cm Stärke gleichmäßig das Sandbett aufbringen, mit den Füßen oder einem Rüttelstampfer einstampfen und die Höhe überprüfen. In diesem Beispiel wird Zement (Promenadengrand) auf das Sandbett aufgetragen und beigemischt. Dies ist nicht immer notwendig und dient hauptsächlich zur Stabilisierung und Bindung des Betts bei hoher Belastung (keinesfalls bei Splitt oder feinkörnigem Kies einsetzen).
Höhe und Gefälle des Betts mit einer Wasserwaage prüfen und mit einer Latte glattziehen.

Rundholzpflaster aus geschälten oder gefrästen Rundholzabschnitten aus Nadelholz (Fichte, Tanne, Douglasie, Kiefer, Lärche), kesseldruckimprägniert und gekennzeichnet gemäß den Güte- und Prüfbedingungen der Gütegemeinschaft Imprägniertes Holz e.V.

Rundholzpflaster, aufgetürmt im Garten.

1 △

2 △

3 △

4 △

5 △

## Verlegen

**4.** Zunächst wird sorgfältig die Außenkante des Sitzplatzes gesetzt, dabei die Rundhölzer leicht in das Sandbett drücken. Die Rundhölzer liegen 1 bis 2 cm über der Höhe der angrenzenden Fläche.

**5.** Nun das Mittelpflaster setzen und erst einmal einzelne Rundhölzer verteilen. Die Fläche zwischen Außenkante und Mitte blockweise pflastern. Passende Rundhölzer aussuchen, bis der Belag geschlossen ist. Hier ist es sinnvoll, einige Paßstücke mit kleinerem Durchmesser auszusortieren. Die Rundhölzer eng an eng mit etwa 0,5–1 cm Abstand, keinesfalls knirsch setzen.

**6.** Die Fläche mit einem Holzbrett schützen und gleichmäßig mit einem Hammer klopfen. Nie direkt auf das Pflaster schlagen.

**7.** Die fertig verlegte Fläche mit Fugenmaterial einstreuen und unter Beigabe von Wasser einkehren. Anschließend mit einem Gummirüttler verdichten und die Fläche auf fertiges Niveau bringen. Nochmals einstreuen und einfegen, bis die Fugen satt gedichtet sind.

**8.** Den Sand oder Splitt nicht sofort entfernen, sondern mehrere Tage liegen lassen. Die Fläche kann aber betreten und benutzt werden.

6 △

7 △

8 △

## Holzdecks

Immer häufiger findet man im Garten Ableitungen von ursprünglich fremden, rein zweckgebundenen Konstruktionsformen. So wurden die Prinzipien des Anlegersteges und Holzplankenbelages übernommen und zu den bekannten Holzdecks transformiert. Diese müssen nicht unbedingt in Verbindung mit Wasserflächen stehen, sondern können beliebig im Garten eingesetzt werden, wo die Vorteile eines ebenen, fußfreundlichen Bodenbelages gewünscht sind. Direkt anschließend an das Haus bilden sie einen nahtlosen Übergang zwischen innen und außen.
Holzdecks fügen sich gut in jede Umgebung ein, ohne unangenehm dominant zu erscheinen. Diese Eigenschaft, sich an jede Situation anzupassen, ist besonders vorteilhaft im Garten. In vielen Fällen tritt die Konstruktion überhaupt nicht in Erscheinung, nur die regelmäßige Struktur der Oberfläche.
Bei der Planung und Ausführung eines Holzdecks ist auf die Plazierung und Größenordnung zu achten. Größere Holzdecks, verteilt über verschiedene Ebenen, oder herauskragende Strukturen sind Bauwerke und müssen in ihrer Planung, statischen Berechnung und Ausführung an Fachleute vergeben werden. Stege in natürlichen Gewässern sollten gleichfalls nicht von Laien ausgeführt werden. Die Erneuerung von Brettern und die Ausführung von kleinen Terrassen liegen hingegen durchaus im Rahmen des Machbaren für einen geschickten Heimwerker.

### Tips zum Standort

- in Verbindung mit Wasser, als Steg oder Sonnendeck
- als Poolumrahmung um ein Schwimmbecken
- als Terrasse, direkt anschließend an einen Wohnraum
- als idealer Bodenbelag für eine Veranda.

### Tips zur Gestaltung

- Der Belag kann vorhandene Solitärpflanzen berücksichtigen, die einfach durch Freilassen eines entsprechend großen Pflanzlochs zu integrieren sind.
- Den Höhenunterschied zwischen anstehendem Boden und Holzdeck bedenken; wenn möglich, die Höhe auf eine Stufe reduzieren.
- Zur Abwechslung kann die Verlegerichtung verändert werden, z. B. diagonaler Verlauf der Bretter oder die Bretter hochkant legen.

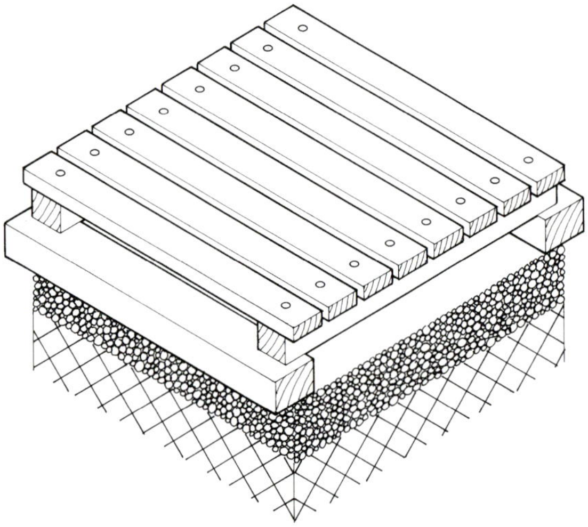

Schematischer Schnitt durch den Aufbau eines Holzdecks: Die Kanthölzer liegen direkt auf der Kiesschicht; als Schutz vor Feuchtigkeit kann ein Streifen Dachpappe unter die Hölzer gelegt werden. Im rechten Winkel sind die Auflagen-Kanthölzer angebracht, auf denen die Deckbretter fachgerecht befestigt sind.

Das Holzdeck wurde in Tafeln geteilt, vorgefertigt und auf der Unterkonstruktion befestigt. Die schmalen, 5 cm breiten Riegel waren ausdrücklich wegen der optischen Wirkung gewünscht. Nach sieben Jahren fingen diese Fichtenbretter an einigen Stellen zu faulen an. Zur Zeit der Ausführung mit all den anderen Ausgaben, die mit einem Gartenausbau verbunden sind, reichte das Geld nicht, um ein dauerhaftes Hartholz wie Eiche, Teak oder Bongossi zu nehmen. In der zweiten Ausführung wird dies aufgeholt. Die gute Unterkonstruktion hat sich bewährt, an ihr muß nichts geändert werden.

### Tips zur Ausführung

- Die Gesamtbreite des Decks nach der Breite der Bretter plus Fugenbreite berechnen.
- Regelmäßige Fugenbreite einhalten.
- Bei größeren Flächen unbedingt exakten Plan mit Verlauf der Unterkonstruktion und Standort der Fundamente zeichnen lassen.
- Spannweite der Unterkonstruktion beachten. Je länger, desto stärker dimensioniert muß die Unterkonstruktion sein.
- Gutes Holz für die Unterkonstruktion verwenden, nicht an Kosten sparen.
- Eine gute Belüftung ist wichtig. Daher immer für einen entsprechend wasserdurchlässigen Unterbau sorgen. In vielen Fällen wird das Holzdeck über einen bestehenden Terrassenbelag gesetzt. In diesem Fall ist es ausreichend, den Plattenbelag zu entfernen und den Unterbau zu belassen. Sollte jedoch diese Bauweise in Erwägung gezogen werden, muß man sich über die Nachteile des schnelleren Faulens, verursacht durch den direkten Bodenkontakt, im klaren sein.
- Edelstahl- oder Messingschrauben bevorzugen.
- Schraubenköpfe immer versenken und bündig mit der Oberfläche setzen, um Stolperstellen zu vermeiden. Nie mittig im Brett, auch nicht hintereinander in gleicher Faserrichtung anbringen, sondern immer versetzt in sauber vorgebohrte Löcher, um Risse zu vermeiden.
- Bei Verbindungen zwischen Innen- und Außenraum einen Höhenunterschied von 15 cm einplanen. Diese vorgeschriebene Höhe verhindert das Eindringen von Wasser aus dem Außenbereich nach innen. Auch in Zonen, die durch einen Dachüberstand geschützt sind, kann Schneetreiben Schmelzwasser in das Haus eindrücken. Sollte ein bündiger Übergang gewünscht sein, sind Drainrinnen oder Gitterroste einzubauen, die das Wasser ableiten.
- Haltbares Hartholz für das Holzdeck verwenden.
- Bei großer Fläche werden nicht alle Bretter die ausreichende Länge haben. In diesem Fall Stoßstellen mit versetztem Fugenrhythmus, ob willkürlich oder regelmäßig versetzt, ausführen.
- Bretter stets mit Kern nach oben legen.
- Bei Anschlüssen mit anderem Material immer eine Fuge einplanen.
- Nie direkt an Bauwerke anstoßen, sondern eine gleichmäßig breite Fuge lassen.

## BAUANLEITUNG – TERRASSE AUS HOLZ

### Material

Holzdeck: Bretter Western Red Cedar in den marktüblichen Maßen, hier 35 x 95 cm, gehobelt und gefast.
Unterkonstruktion: Kiefern-Kanthölzer 10 x 10 cm Messingschrauben, Holzschrauben.
Bettung: Sand, Körnung 0–5 cm, frei von lehmigen Teilen. Stärke 10 cm. Stets örtlich vorkommendes Material als Bettung verwenden, s. u. a. Splitt, Edelsplitt, Kies.
Fundamente: Beton, Fertigelemente, Punktfundamente in der nowendigen Dimensionierung. Alle Punktfundamente sind vor dem Einbau einzeln mit einer Blechlasche zu versehen (siehe unten).

### Planung

Wolfram Stehling, Hamburg

### Ausführung

Peter Gätje GmbH, Holzanlagen, 22844 Norderstedt

### Allgemeine Tips

- Unterkonstruktion sorgfältig ausführen.
- Abstandshalter entsprechend der Fugenbreite von 3 oder 5 mm verwenden.
- Bretter erst dann fixieren, wenn Gruppen von 5 bis 6 Stück fachgerecht plaziert sind.
- Erstes Brett immer mit mindestens 3 mm Abstand von der Hauswand setzen.

Western Red Cedar-Bretter und Kiefernkanthölzer.

Terrasse nach Entfernung des alten Bodenbelags.

1 △

2 △ 3 ▽

## ARBEITSABLAUF

**1.** Den Umriß der Terrasse einmessen und abstecken. Nach Abtrag des alten Bodenbelages Niveau überprüfen, wenn notwendig, ausbessern. Standort der Punktfundamente einmessen und fachgerecht einbauen. Höhe über dem Boden ca. 30 cm. Ein Sandbett wird über dem vorhandenen Unterbau in 10 cm Stärke verteilt und glatt gezogen.

**2.** Balken der Unterkonstruktion zwischen die Fundamente spannen und an die einzementierten Blechlaschen verschrauben. Die Kanthölzer werden im Abstand von ca. 1 m verteilt.

**3.** Um Quietschen beim Begehen der Holzterrasse zu verhindern, wird ein Puffer in Form eines doppelseitigen Gummistreifens auf die Balken genagelt.

**4.** Die einzelnen Bretter werden im rechten Winkel zur Unterkonstruktion verlegt. Um den gleichen Fugenabstand zwischen jedem Brett einzuhalten, werden gleich starke Abstandshalter eingesetzt. Zuerst die Holzschraubenlöcher vorbohren und anschließend die Versenkbohrung zur Aufnahme der Schraubenköpfe vornehmen. Während der Fachmann ohne vormarkierte Linie in der Flucht arbeiten kann, ist es für Laien sinnvoll, die Linie, an der entlang gebohrt wird, mit einem Zimmererstift vorzuzeichnen.

**5.** Nun die Messingschrauben einschrauben. Bei der Befestigung des letzten Bretts am Deck, der Tagesarbeit oder des jeweiligen Abschnitts durch Gegendruck mit einem Stemmeisen oder einer Raspel eventuelles Verrutschen oder Verschieben vermeiden.

**6.** Wenn alle Bretter verlegt und befestigt sind, stehen die Außenkanten als unregelmäßige Linien über. Mit einem Stift die fertige Länge anreißen und mit einer Handsäge gleichmäßig absägen.

**7.** Die fertig ausgeführte Terrasse ist schlicht und edel. Auffallend sind die ordentlichen und regelmäßigen Reihen von Schrauben und die Aussparung für den vorhandenen Bambushain. Die Terrasse ist eine wertvolle Erweiterung des Wohnbereiches und kann nach Wunsch bestückt werden.

4 △

6 △

5 △

7 △

## Holzdecks über Wasser

Die Ausführung eines »schwimmenden« Holzdecks gleicht im Prinzip der einer gewöhnlichen Deckkonstruktion. Der wesentliche Unterschied liegt in der Ausführung der Stützen. Dadurch wird der Schwierigkeitsgrad des Baues erhöht. In einem künstlich angelegten Teich werden die Stützen noch während des Teichbaus ausgeführt, denn nur so kann gewährleistet werden, daß die Dichtung hält. Ein nachträglicher Einbau ist besonders schwierig, und das Risiko, daß die Dichtung beschädigt wird, ist groß.

Für Stege in natürlichen Seen werden die tragenden Eichenpfähle tief in das Seebeet eingerammt, die weitere Konstruktion ist darauf gebaut. Holzstege und schwimmende Decks sind ausschließlich von Fachfirmen auszuführen. Es sollte keinesfalls an den Konstruktionskosten gespart werden. Wenn die Ausführung sorgfältig und mit dauerhaften Hölzern erfolgt, spart man langfristig.

Eine interessante, preisgünstige und erprobte Alternative zu Stützen aus Eiche oder tropischen Harthölzern wurde in einem Münchener Privatgarten ausgeführt.

Die 8/8-cm-Fichtenkantholzstützen wurden in PVC-Rohre eingelassen. Allseits umhüllt, halten sie einerseits das Wasser fern, andererseits ermöglichen sie, wenn erforderlich, einen schnellen Stützenwechsel, ohne den Teichboden anzugreifen. Weitere Details, wie die Verblendhölzer als eine Art Stufe zur Kaschierung der Unterkonstruktion bei Höhenwechsel vom Steg zum Deck, sind beispielhaft.

## Holzroste

Holzroste sind eine zeitsparende, einfach auszuführende Version des Holzdecks. Die quadratischen oder rechteckigen vorgefertigten Elemente aus Kiefer- oder Fichtenholzbrettern werden in fast jedem Gartencenter angeboten. Im Hinblick auf eine längere Haltbarkeit sind kesseldruckimprägnierte Roste zu bevorzugen.
Ähnlich den Holzdecks werden auch die Holzroste auf einer Unterkonstruktion befestigt. Der Abstand der Unterzüge richtet sich nach der Breite des Rostes. Die weitverbreitete Praxis, Holzroste als kostengünstige und unaufwendige Verschönerung eines vorhandenen Belags zu betrachten, ohne die erforderliche Unterkonstruktion zu bauen, ist nur für kleine Flächen, wie Balkone und Dachterrassen, vernünftig. Denn hier steht eine begrenzte Aufbauhöhe zur Verfügung, und die tragende Konstruktion darf auf keinen Fall beschädigt werden. In solchen Situationen sind Holzroste ideal.

Je nach Größe und Format der zu verlegenden Flächen stehen verschiedene Verlegungsmöglichkeiten zur Verfügung:

- regelmäßig hintereinander- und nebeneinanderlaufende Roste mit fortlaufendem Fugenbild
- Schachbrettmuster
- Drehung um 90° nach jedem Block

Aus dem umfangreichen Angebot von Größen sind folgende Formate erhältlich:

| | |
|---|---|
| 50 x 60 cm | 120 x 120 cm |
| 60 x 60 cm | 100 x 150 cm |
| 60 x 120 cm | 30 x 180 cm |
| 100 x 100 cm | |

Die Stärke der Bretter beträgt 19 mm, die Gesamthöhe liegt je nach Feldgröße bei 35 bis 54 mm.
Im Garten haben sich die langen und schmalen, 30 x 180 cm großen Holzroste als Sofortwege zwischen Beeten oder als temporärer Weg über Rasenflächen bewährt.

### Tips zur Verlegung

- Um einen gleichmäßigen Abstand zwischen den Holzrosten einzuhalten, Abstandshalter verwenden.
- Durchgehend nur eine Größe verlegen.

Trittplatten aus Holzrosten, abwechselnd in unterschiedlichen Richtungen verlegt. Mien Ruys Garten, Niederlande.

# HOLZZÄUNE UM DEN UND IM GARTEN

Baustil des Hauses und Gestaltung des Vorgartenzaunes gehen Hand in Hand.

Nicht alle Zäune sind zum Schutz da, manche sind dekorativ wie dieser Holzpaneel-Zaun im quadratischen Muster vor einer Ziegelwand.

Zäune sind mehr als nur eine zweckmäßige Einfriedung um ein Grundstück. Sie sind wertvolle Gestaltungselemente, die funktionale mit dekorativen Aspekten kombinieren. In allen Erscheinungsformen, vom klassischen Lattenzaun oder der hohen Trennwand, von dichten Sicht- und Lärmschutzzäunen bis hin zu Beeteinfassungen und Brüstungen, bilden sie eine Sperre. Wie bei einem Schleier weckt sogar der dichteste Zaun Interesse an dem, was dahinter liegt. Diese Faszination ist ein wichtiges Element im Entwurf und der Ausführung von Zäunen.

Holz wird gegenüber Mauerwerk, Metall und Pflanzen als Einfriedungsmaterial bevorzugt. Holzzäune sind nicht nur platzsparend, sie haben Ganzjahreswirkung und zeigen eine breite Palette von Formen. Sie bieten eine Lösung für jeden Standort und Geldbeutel. Und zwischen der Fertigware, dem Katalogangebot und den Kleinserien ist immer Platz für individuelle Sonderanfertigung – sei es vom Handwerker oder in eigener Leistung erbracht. Für manchen ist die Vielfalt der verschiedenen Zauntypen überwältigend. Aus diesem breiten Angebot das Passende herauszupicken, ist nicht so einfach. Was im Katalog vielversprechend aussieht, ist nicht unbedingt geeignet für den eigenen Garten. Mit Hilfe von einigen einfachen Grundregeln ist es möglich, eine engere Wahl von passenden Zauntypen zu treffen:

- Der Standort der Einfriedung ist maßgebend, d. h. ob in ländlicher oder städtischer Umgebung, denn diese diktiert den Grundstil. Danach sind regional typische Zaunarten in Betracht zu ziehen, ebenso wie der Zaunstil der Nachbarschaft. In einigen Vororten ist es wegen eines einheitlichen Straßenbildes sinnvoll, die vorhandene Zaunart fortzusetzen.

- Die Stilrichtung des Hauses ist entscheidend. Ein Hacienda-Zaun vor einem Reihenhaus wirkt genauso deplaziert wie ein geflochtener Zaun im Vorgarten eines Gründerzeitviertels.
- Die Funktion und der Zweck des Zaunes sind zu definieren. Aus gestalterischen Gründen muß ein klarer Unterschied zwischen dem Zaunverlauf an der Grundstücksgrenze zur Kennzeichnung des Besitzes und einem Zaun innerhalb des Gartens gemacht werden. Ebenso macht es einen Unterschied, ob der Zaun zur Tierhaltung dient, Schutz vor Eindringendem aller Art oder einfach nur Verzierung ist.

Zur Vereinfachung der Problematik ist es sinnvoll, Zäune nach ihrem Standort im Garten zu klassifizieren.

- Der Vorgartenzaun:

Hierbei handelt es sich um die Einfriedung des Vorgartens an der Repräsentationsseite des Hauses. Der Vorgartenzaun hält Unerwünschtes ab, wird aber von jedermann gesehen und ist eine Art Visitenkarte. Er sollte den Charakter und den Stil des Hauses aufnehmen, gleichzeitig aber in Einklang mit der Umgebung stehen.

Malerische Wirkung eines einfachen weißen Feldzaunes.

Für hohe, aber trotzdem luftige Zäune bieten sich Gitterwerkzäune an. Die Felder müssen in der Werkstatt vorgefertigt und vor Ort montiert werden.

Beetumfassungen können leicht, niedrig und zierlich sein, wie dieser gebogene Weidenrutenzaun.

- Der Gartenzaun:

Entlang der Rückseite des Grundstücks tritt er nur selten in Erscheinung und muß lediglich funktionell und unaufdringlich sein. Auch die Längsseiten, die Grenzen zum Nachbargrundstück, sind in vielen Gärten bescheiden gehalten, nur in kleinen oder schmalen Gärten sind sie ein wichtiges Gestaltungselement.

- Trennwände und Gliederungen im Garten:

Grenzen und Trennungselemente innerhalb des Gartens dienen dem Sichtschutz, der Raumbildung oder einfach als Verzierung und sind nach Belieben zu gestalten. Hier sind phantasiereiche Lösungen möglich. Der Einfluß von Lichteinfall und das Kleinklima sind zu bedenken.

## Zauntypologie

Entsprechend der Funktion des Zaunes ist zwischen zwei eindeutigen Grundformen zu differenzieren: die geschlossenen Zäune, die fast wie ein massives Bauwerk wirken und offene Zäune – unterteilt in

- waagrechte Zäune wie Ranch- oder Bohlen- und Koppelzäune
- senkrechte Zäune wie Latten- und Staketenzäune
- diagonale Zäune wie Scheren-(Gitter-) und Jägerzäune

Weiterhin muß eine deutliche Trennung zwischen Feld- und Gartenzäunen gemacht werden. Der Feldzaun entstand, um Vieh fernzuhalten oder einzufrieden. Oft urig und rustikal, spielen bei diesem Typus gestalterische Gesichtspunkte eine untergeordnete Rolle. Das Material, das zur Hand war, wurde verwendet und in einfachster Bauweise, manchmal sogar primitiv, aber insgesamt zweckmäßig erstellt. Obwohl die Gartenzäune verfeinerte Versionen des Feldzaunes sind, müssen sie hohen Anforderungen an Gestaltung und Schutz gerecht werden und sind daher aufwendig in der Ausführung.

Wenn über Zäune gesprochen wird, müssen auch Brüstungen und Handläufe mit einbezogen werden. Sie sind notwendige Sicherheitsvorkehrungen und schützen vor Stürzen auf Treppen, erhöhten oder herauskragenden Terrassen und Aussichtspunkten. In manchen Fällen sind sie sogar vorgeschrieben:

- Ein Handlauf ist notwendig bei Treppenläufen von mehr als 3 Stufen und 2,5 m Breite.
- Brüstungen in Höhe von 85 bis 90 cm sind notwendig bei Erhöhungen oder Podesten über 90 cm Höhe vom Boden oder zwischen Ebenen.

Beide Elemente werden allzuoft in der Gestaltung nicht berücksichtigt. Sie sollten aber ein Teil der Gesamtkonstruktion sein und von Anfang an bedacht werden. In einfachster Form ist ein Handlauf nicht mehr als ein Rundholz, das durch Pfosten

Der offene Kreuzzaun ist hervorragend in ländlichen Gärten als Grenze zwischen einem Bereich und dem nächsten. Er ist ebenso als Brüstung verwendbar, dabei ist jedoch auf die Fallhöhe zu achten. Brüstungen als Schutz bei Höhen über 1 m sind nach den einschlägigen Vorschriften zu gestalten, hier ist auf die Maschenweite zu achten.

gestützt ist. Ein Handlauf muß stabil und splinterfrei sein und entsprechende Belastungen aufnehmen können.

Brüstungen begrenzen eine Terrasse, sind in ihrer Typologie ähnlich wie Zäune, aber mit einer noch stärkeren Bindung zur bebauten Umgebung. In ihnen kann die Gestaltung von Balkonen und anderen Motiven am Gebäude widergespiegelt werden. Äußerst wichtig ist es, daß bei einer offenen Brüstung der Abstand zwischen den Latten nicht mehr als 12 cm beträgt und daß waagrechte Bretter nicht zum Klettern verleiten.

Brüstungen sollen nicht auffallen, sie sollten sich in das Gesamtbild einfügen: in vielen Fällen sind ein oder wie hier zwei Stangen, befestigt am Pfosten, völlig ausreichend.

# Bestandteile eines Zaunes

Obwohl die Komponenten eines Zaunes stets gleich sind, gibt ihre Anordnung dem Zaun sein charakteristisches Erscheinungsbild. Vereinfacht betrachtet besteht ein Holzzaun aus:

## Pfosten

Dies sind die tragenden Teile des Zaunes, bestehend aus starken Rundhölzern oder Kanthölzern, die entweder mit dem gespitzten Ende direkt ins Erdreich in ein vorbereitetes Loch gerammt sind oder, wenn notwendig, in den speziellen Metallschuh, befestigt in einem Betonfundament (Abb. unten). Die Pfosten sind je nach Zauntyp und Höhe im Abstand von 1,8 bis 3 m regelmäßig über die Strecke verteilt. Bei der Verwendung von fertigen Zaunfeldern ist es wichtig, deren Länge zu berücksichtigen und den Pfostenabstand entsprechend auszuführen. Da die Pfosten in vielen Fällen direktem Bodenkontakt ausgesetzt sind, empfiehlt es sich, sie aus einem härteren und dauerhafteren Holz als die Querriegel und Latten auszuführen. Um das Wasser besser und schneller abfließen zu lassen, sind die Pfostenköpfe passend zum Zauntyp entweder verschrägt, gerundet, zylindrisch, dachförmig oder pyramidenförmig zu gestalten. Verzierungen, wie z. B. Rundköpfe, werden auch als Fertigware angeboten.
Die Stärke der Pfosten hängt von der Endhöhe des Zaunes und dem Gewicht ab. Für Höhen bis 1,2 m genügen Kanthölzer von 7 x 7 cm oder 9 x 9 cm und Rundhölzer von 8,5 bis 12 cm Durchmesser. Die Gesamtlänge des Pfostens entspricht der Gesamthöhe des fertigen Zaunes vom Boden plus der unterirdischen Tiefe (auch Einbindetiefe genannt).

Schematische Zeichnung eines Zaunes: Der Abstand zwischen den Querhölzern beträgt in der Regel die Hälfte der Zaunhöhe. Der Abstand von Oberkante Boden bis Unterkante unteres Querholz entspricht dem von Oberkante Zaunpfosten bis Oberkante oberes Querholz.

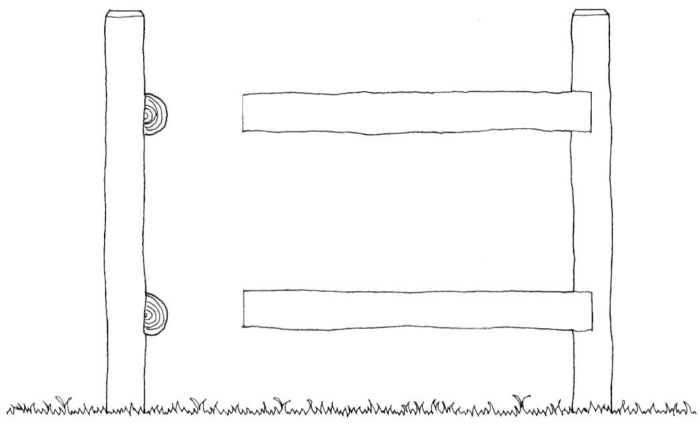

## Querhölzer (Querriegel, Querrahmen)

Gespannt zwischen den Pfosten, hängt ihre Abmessung und Länge von der Holzart, der Funktion und auch davon ab, ob weitere Teile, wie beispielsweise Latten, an die Querhölzer angebracht werden. Die Anzahl der Hölzer wird von der Zaunhöhe und vom Zauntyp bestimmt. Für offene Zäune ohne Latten bis 1,2 m Höhe werden 2 bis 3 Stück, über 1,5 m Höhe 3 bis 4 Stück benötigt. Die Querhölzer werden in 60 cm bis maximal 90 cm Abstand gleichmäßig verteilt.
Zäune mit Verbrettung haben ein oberes und unteres Querholz, nur hohe Zäune besitzen zusätzlich ein mittleres Querholz zur Anbringung der Latten. Der Querschnitt ist rechteckig, halbrund oder dreieckig. Für besseren Wasserablauf können die Querriegel profiliert sein.

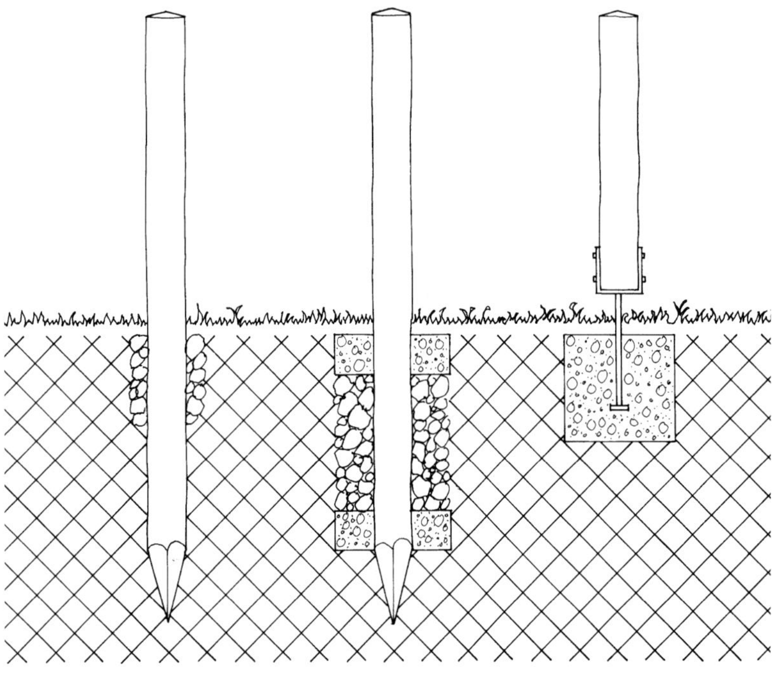

Einbau von Pfosten mit unterschiedlicher Belastung:
von links nach rechts:
Pfosten, einfach eingerammt im Boden.
Für eine höhere Belastung im »Sandwich«-Fundament, Gesamttiefe 80 cm:
5 cm Humusbedeckung
10–15 cm Beton
45–55 cm Kies oder Schotter
10–15 cm Beton
Hohe und schwere Zäune sind im Pfostenschuh in ein Betonfundament zu setzen. Weitere Varianten sind auf Seite 148 abgebildet.

### Latten

Entweder senkrecht, diagonal oder über Kreuz mit Nägeln oder Schrauben an den Querhölzern angebracht, schließen die Latten den Zaun. Sie bilden eine rhythmische Gliederung und eine eindeutige Vorder- und Rückseite. Die Lattenbreite beträgt in der Regel 3,5 bis 6 cm, der Abstand vom Boden liegt bei mindestens 5 cm, jedoch nicht mehr als 10 cm. Die Lattenköpfe sind gespitzt, nach innen abgeschrägt oder gerundet. Der obere Verlauf kann gerade, konvex (geschwungen) oder konkav (gebogen) sein.

### Bretter

In einigen Situationen werden Bretter anstelle von Latten verwendet. Zum einen aus gestalterischen Gründen, um einen blickdichten Schutz zu errichten, zum anderen aus technischen Gründen. Die Breite der einzelnen Latten an über 1,3 m hohen Zäunen muß in geeigneter Relation zur Höhe stehen, denn lange, dünne Latten wirken viel zu zerbrechlich. Mehr in Wohnsiedlungen in England und Nordamerika verbreitet, ist ein Bretterzaun massiv und starr. Um das Hirnholz der Bretter zu schützen, ist ein Abdeckbrett am oberen Verlauf wichtig. Inzwischen dient diese Zaunform als Grundlage vieler Lärmschutzzäune.

Rückseite eines Lattenzaunes. Hier ist die Konstruktion klar ersichtlich, die Stützen treten an der Vorderseite überhaupt nicht in Erscheinung.

Ein geschlossener Bretterzaun muß nicht massiv und abweisend erscheinen. Hier ist der Typus eines Lattenzaunes mit eingearbeitetem Motiv aufgenommen. Die Abdeckbretter schützen das Hirnholz und sind ein wichtiger Bestandteil des Zaunes.

Eine bekannte Form des Lattenzaunes, der ebenso in Staketten ausgeführt sein könnte. ▷

Eschen-Holzbretterzaun, geeignet als Trennwand zwischen Reihenhausgärten und Terrassen, aus dem Programm von High Weald Design. Diese Firma arbeitet mit Waldarbeitern, Förstern und Handwerkern, um Gegenstände für den Privatgarten und öffentliche Anlagen aus heimischen Hölzern mit traditionellen Methoden zu bauen.

### Zaunfelder

Zaunfelder bestehen aus einer komplett gefertigten Füllung in stabilem Rahmen, die zwischen den Pfosten angebracht wird. Fast alle Zaunarten werden im Fachhandel in Form von Bausätzen mit kompletten Zaunfeldern angeboten. Einige davon sind empfehlenswert. Die Maße sind je nach Hersteller unterschiedlich und umfassen u. a.:

| | |
|---|---|
| Lattenzaunfelder: | Breite 179 cm, Höhe 85 cm |
| | Breite 189 cm, Höhe 93 cm |
| | Breite 189 cm, Höhe 85 cm |
| Lamellenzaunfelder: | Breite 180 cm oder 100 cm |
| | Höhe 120 cm, 150 cm oder 180 cm. |

Die Felder können mit Elementenhaltern und Schüsselschrauben seitlich an die Pfosten angehängt werden.

Die Zaunfelder einiger aufwendiger Zaunarten, wie Spalier- und Gitterwerkzäune, müssen in der Werkstatt gebaut und am Einsatzort montiert werden.

Geschlossener hoher Gitterzaun mit ovalem Fenster. Eine interessante Lösung für einen kleinen Garten.

# BAUANLEITUNG – GARTENZAUN

## Allgemeine Tips zur Gestaltung

- In ländlicher Umgebung den Zaun stets dem örtlichen Stil anpassen.
- Unterscheiden zwischen Grenzzäunen und dem Inneren des Gartens.
- Durchgehend einen Gestaltungstyp im Garten verwenden, wenn dieser insgesamt von einem Punkt aus sichtbar ist.
- Im Vorgarten und an der Straßenfront eine einheitliche Handschrift im Einklang mit dem Stil des Hauses anstreben.
- Ideen aus der Umgebung mit einfließen lassen.

## Allgemeine Tips zur Ausführung

- Schwierigkeitsgrad der Ausführung des Zaunes einschätzen. Entscheiden, ob die Arbeit vergeben oder selbst ausgeführt wird. Unterscheiden zwischen der einfachen Montage einzelner vorgefertigter Zaunteile und einer kompletten Anfertigung.
- Soweit wie möglich heimische Hölzer verwenden.
- Pfosten mit direktem Bodenkontakt, die nicht im Metallschuh gesetzt sind, können für eine längere Lebensdauer in dauerhafterem Hartholz ausgeführt werden.
- Angeschnittene bzw. angesägte kesseldruckimprägnierte Holzteile mit einem Holzschutzmittel behandeln.
- Pfosten stets in Wachstumsrichtung setzen.
- Erhältliche Holzgrößen vor Arbeitsbeginn prüfen und Holzmengen berechnen.
- Bei gutem, beständigem Wetter arbeiten und nur so viel Arbeit in Angriff nehmen, wie an einem Tag ausgeführt werden kann.
- Zäune in Hanglage: Höhenverlauf genau messen, Zaunverlauf treppenförmig aufteilen, maximale Höhendifferenz zwischen Oberkante Boden und Unterkante Zaun 20 cm. Zaunfelder müssen immer waagrecht liegen.

## ARBEITSABLAUF

### Vorbereitung

**1.** Rechtliche Einschränkungen prüfen, Grenzverlauf am Ort prüfen und abstecken. Genaue Maße nehmen.

**2.** Passende Zaunart aussuchen, Fertigzaunangebot prüfen. Nach Bedarf eine vermaßte Zeichnung des Zaunablaufs – je nach Größenordnung im Maßstab 1:50, 1:100 oder 1:200 fertigen.
Länge der Felder und Anzahl der Pfosten berechnen.
Eine einfache Methode besteht darin, die Strecke durch einen Mittelwert, z. B. 3 m, zu teilen.

**3.** Anschließend Holzliste erstellen und Material bestellen.

### Ausführung

**1.** Eckpfosten und Torpfosten zuerst ausstecken, mit Eisen oder Holzpflöcken kennzeichnen. Die restlichen Pfosten in den bereits vorberechneten Abständen mit Pflöcken markieren.

**2.** Löcher für die Pfosten in ausreichenden Dimensionen, entsprechend der Konstruktion und Höhe, mit einem Lochspaten ausheben. Nur so viele Löcher graben, wie Pfosten an einem Tag gesetzt und hinterfüllt werden können. Aushub sichern und als Füllmaterial für die Hinterfüllung verwenden.
Nach Bedarf für schwere, höhere Zäune Punkt-Betonfundament B15 gießen, Abmessung je nach Höhe und Gewicht berechnen oder »Sandwich«-Fundament ausführen, Gesamttiefe 80 cm (s. Abb. Seite 26 unten).

**3.** Zäune ohne Punktfundament: Gespitzten Pfosten mit einer Metallramme in das Loch rammen, bis die gewünschte Endhöhe erreicht ist.

*Beispiel*
Endhöhe 100 cm, Rammtiefe 50 cm, Gesamtpfostenlänge 150 cm
Endhöhe 120 cm, Rammtiefe 60 cm, Gesamtpfostenlänge 180 cm

Beim Einsatz eines Hammers nie direkt auf die Anschlagfläche schlagen, sondern diese mit einem Brett schützen. Löcher sorgfältig Schicht für Schicht hinterfüllen und verdichten.

**4.** Zur Markierung der Endhöhe und Unterkante des Zaunfeldes Schnüre zwischen die Pfosten spannen. Obere und untere Querriegel entsprechend des Zauntyps an allen Pfosten gleichmäßig einmessen und markieren. Querriegel auslegen und anschließend fachgerecht anbringen. Hierzu wird eine Hilfskraft benötigt.

*Arten der Anbringung*
- an die Pfostenmitte verschraubt oder genagelt
- seitlich in die Pfosten verzapft und mit Holznägeln gesichert
- Querriegel eingeschnitten, an den Pfosten überblattet und gesichert.

**5.** Latten oder Staketen von einer Länge in gleichmäßigen Abständen (Richtwert Hälfte der Lattenbreite) anbringen. Auf der Vorderseite diagonal an zwei Stellen am Querriegel befestigen. Um das Holz zu schonen, Löcher vorbohren. Mit einer Wasserwaage regelmäßig nach jeder dritten Latte prüfen, daß die Latten senkrecht sind.

**6.** Zaun ausrichten, Standfestigkeit der Pfosten überprüfen, notfalls nachrammen.

**7.** Nach Wunsch den Zaun grundieren und lasieren oder Deckanstrich anbringen.

## Tore

Abschließbare Öffnungen im Zaun sind je nach ihrer Funktion in den passenden Breiten auszuführen. Als Orientierungsmaß wichtig ist die lichte Breite, d. h. der Abstand zwischen dem geöffneten Tor und Anschlagpfosten bei einem einflügeligen Tor und zwischen den geöffneten Flügeln bei einem doppelflügeligen Tor. Gängige Breiten für einen Flügel sind 80 bis 150 cm. Je breiter das Tor, um so schwerer und aufwendiger die Aufhängung. Aus diesem Grunde empfiehlt es sich, breite Tore doppelflügelig auszuführen. Bei der Festsetzung der Breite sind die Maße von Geräten, wie Rasenmäher etc., zu berücksichtigen.
Die Komponenten eines Tores sind:

- Torfeld
- Tragende Pfosten: Dimensionen prüfen, je nach Gewicht des Torfeldes. Die Pfosten für breite, hohe Tore immer in durchgehende Betonfundamente setzen, nicht nur wegen des Gewichts, sondern auch wegen der Bewegungskraft der Tore. Es ist wesentlich einfacher, die Tore an neuen als an vorhandenen Pfosten aufzuhängen.
- Torbeschläge: immer mindestens an zwei Punkten – bei höheren und schwereren Toren an mehreren Punkten – aufhängen, feuerverzinkte Metallteile verwenden. Wechselwirkung mit Eiche beachten.
- Schloß und Torklinker: vor Ausführungsbeginn aussuchen und eventuell vom Spezialisten montieren lassen.
- Gegenanschlag
- Technische Anlagen wie funkgesteuerte Öffnungen und Türautomatik: stets eine Fachfirma mit der Planung und Ausführung beauftragen.

Die Gestaltung des Tores muß mit der des Zaunes harmonieren. Zur Betonung des Eingangs kann das Tor durch Verzierungen wie Laubsägearbeit oder Änderungen im oberen Verlauf hervorgehoben werden.

Tore sind wichtige Gestaltungselemente, dennoch sind gelungene moderne Beispiele eine Seltenheit.

Dieses Tor, entdeckt im Vorbeispazieren in Hamburg, verbindet Funktion mit Design.

Gerade im Garten wirken ungewöhnliche witzige Lösungen wie dieses »Gerätetor« (links) oder »Noahs« Pforte (rechts).

## BAUANLEITUNG – DOPPELFLÜGELIGES EINFAHRTSTOR

Entwurf und Ausführung: Peter Howcroft
Metallteile: Ausführung David Alexander

**Material**
Western Red Cedar
Holznägel und Keile: Teak
Metallteile: feuerverzinkter Stahl
Sonstige Teile: 2 Betonblöcke 20 x 15 cm, Tiefe 15 cm, mit mittiger Schlitzaussparung, passend zur Größe der Feststeller

**Fertige Maße**
Breite 2,6 m, Höhe 2,1 m bis 1,9 m
Abstand vom Boden: 6 cm
Schlagrichtung einwärts

**Holzliste** (für einen Torflügel)

| | |
|---|---|
| Torrahmen: | 1 Stück 10 x 6 cm, 2,1 m lang |
| | 1 Stück 7,5 x 6 cm, 2 m lang |
| Querteile: | 2 Stück 10 x 4,5 cm, 1,35 m lang |
| | 1 Stück 20 x 6 cm, 1,35 m lang (oberer Bogen) |
| Querstreben: | 2 Stück 7,5 x 4,5 cm, 1,2 m lang |
| Verbretterung: | 13 Bretter, gespundet, 9,5 x 1,5 cm, 1,8 m lang, in entsprechenden Längen zugeschnitten |

**Verwendete Holzverbindungen**
- durchgehende Zapfen mit Keil und Holznagel
- Strebenzapfen mit Versatz (s. Abb. unten)
- Bretter gespundet.

**Tips zur Ausführung**
- Western Red Cedar ist ein weiches Holz, zu dessen Bearbeitung sehr scharfes Werkzeug benötigt wird.
- Da es zeitaufwendig ist, die Bretter selbst zu spunden, empfiehlt es sich, sie als fertige Ware zu bestellen.
- Die Querstreben zeigen wegen der ansetzenden Zug- und Druckkräfte nach innen und nach oben.
- Die Verbindungen sind getrennt angelegt, um das Holz nicht zu schwächen und zu verhindern, daß Wasser in die Ecke und somit in die Eckverbindung dringt.
- Zur zusätzlichen Sicherheit können die Teile mit einem guten, wasserabweisenden, aber langsam trocknenden Leim verleimt werden.
- Den Abstand zwischen Unterkante Tor und Boden (auch geöffnet) berücksichtigen.

**Die Ausführung dieses Tores ist von hohem Schwierigkeitsgrad und erfordert deshalb Kenntnisse und Erfahrungen im Holzbau.**

Konstruktionszeichnung des Einfahrtstors: Die linke Seite zeigt die Innenseite, rechts die Außenseite mit Verbretterung. Für eine einfache Version ist statt des gebogenen Ablaufes ein gerader zu wählen.

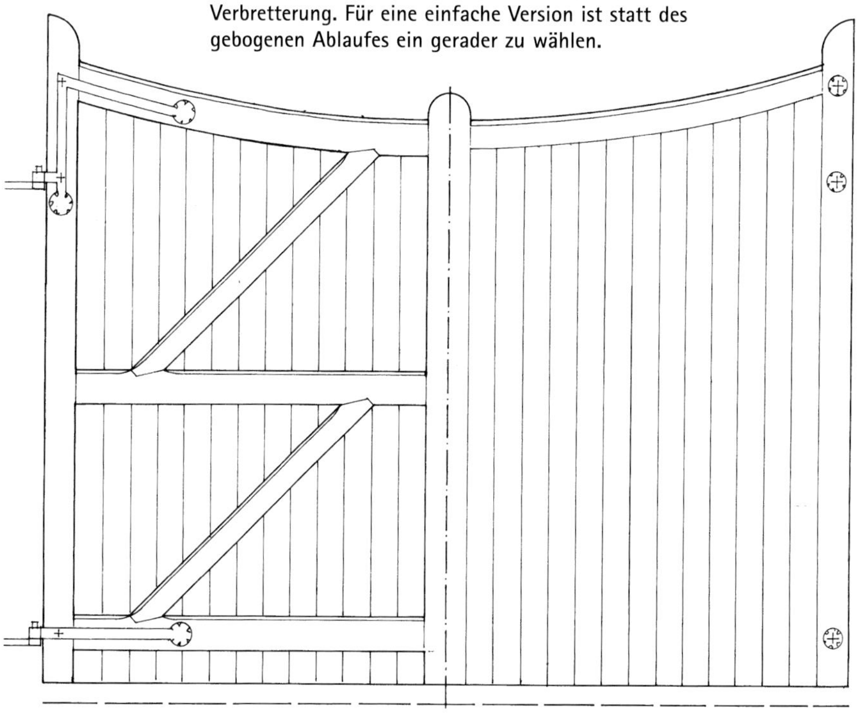

Strebenzapfen mit Versatz, verwendet für die Verbindung der Streben mit den Querhölzern.

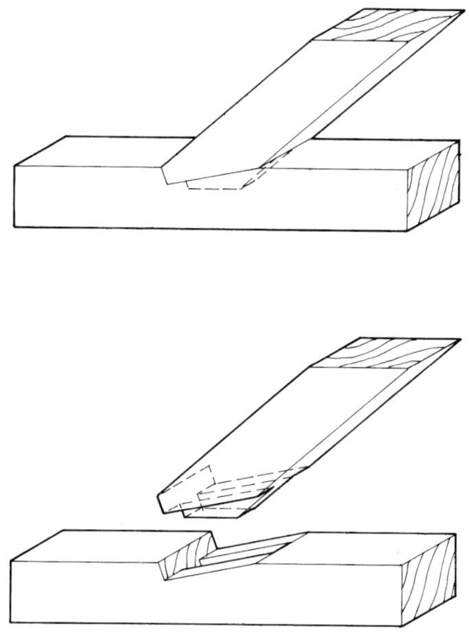

Vorderansicht des Tores, die Höhe der vorhandenen Mauer wird aufgenommen.

Blick von der Innenseite, hier ist die Konstruktion ersichtlich.

## ARBEITSABLAUF

### Vorbereitung

**1.** Örtliche Maße nehmen: Breite der Öffnung messen wie auch Höhe und Tiefe der vorhandenen Torpfeiler. Bestandsplan zeichnen.

**2.** Gestaltung überlegen, Skizzen fertigen. Torplan in M 1:20 zeichnen, Details festlegen und Holz bestellen.

**3.** Metallteile aussuchen und bestellen, Art der Torbeschläge den Gegebenheiten anpassen.

### Ausführung

**4.** 1:1-Schablone für den oberen Bogenverlauf fertigen.

**5.** Holzteile für den Torrahmen zuschneiden.

**6.** Zapfen in senkrechte Teile schneiden, Teile nach Plan auslegen.

**7.** Waagrechte Teile plazieren, Zapfenstellen markieren und herausstemmen.

**8.** Bogenteil mit Hilfe der Schablone grob heraussägen, anschließend von Hand nacharbeiten. Damit Wasser abfließen kann, Oberkante dachförmig hobeln (s. Detail Abb. unten). Auf die restlichen Teile auflegen, Zapfen vorzeichnen und passend ausführen. Den Rahmen provisorisch montieren.

**9.** Der Rahmen ist provisorisch montiert. Prüfen, daß der Rahmen im rechten Winkel liegt, nach Bedarf justieren.

**10.** Querstreben auflegen, Überlappung markieren, Stirnversatzverbindungen herausschneiden. Zum besseren Halt wurde in diesem Beispiel mit einer verdeckten Zapfenverbindung kombiniert.

**11.** Aussparung für die seitlichen Verblendbretter an der Innenseite des senkrechten Holzes hobeln.

**12.** Rahmen fertigmontieren.

**13.** Verkleidungsbretter, gesägt in groben Längen, auf der Vorderseite des Rahmens auslegen. Verlauf der oberen Bögen markieren und die Bretter entsprechend zuschneiden. Bretter numerieren. Die Unterkante auf den Brettern vorzeichnen und schneiden.

Detail Anschluß Rahmen, Verbretterung und Metallteile. ▽

Detail vom unteren Scharnier vor der Fertigstellung der Montage.▽▽

Detail vom oberen Scharnier.

Der Feststeller fügt sich in das passende Loch in der Steinplatte und im unteren Fundamentblock.

**14.** Nun werden die Bretter in richtiger Reihenfolge montiert. Verlauf der waagrechten Hölzer auf der Vorderseite der Bretter anzeichnen und diese mit feuerverzinkten Nägeln an den Querhölzern befestigen. In diesem Beispiel wurden oben ein Nagel, unten zwei Nägel angebracht.
**Alle Arbeitsschritte spiegelverkehrt für die andere Flügelhälfte wiederholen. Ein erfahrener Handwerker fertigt beide Teile parallel an.**

**15.** Torflügel zusammenlegen und Anschlagfalz heraushobeln.

Montage

**16.** Zur Probemontage beide Flügelteile provisorisch mit einem langen Brett verbinden, am Ort aufstellen und die Position der Torbeschläge und Feststeller vorzeichnen. Hierzu werden Hilfskräfte benötigt. Markieren von Feststellern und Scharnierpunkten.

**17.** Betonfundamente für Feststeller fachgerecht ausführen.

**18.** Torbeschläge anbringen und Torflügel fachgerecht einhängen.

# Grenzzäune – Einschränkende Bestimmungen durch den Standort

Bevor mit der Arbeit begonnen wird, ist es ratsam, bereits in der Planungsphase sich über den Grenzverlauf zu vergewissern und sich über eventuelle baurechtliche oder nachbarrechtliche Einschränkungen zu informieren. Befindet sich der Zaun innerhalb des Grundstücks mit Abstand zur Grundstücksgrenze, ist die Art und Weise der Ausführung freigestellt. Auch wenn es sich um die Erneuerung eines vorhandenen Zaunes handelt, ist keine weitere Erlaubnis notwendig. Lediglich bei der Beseitigung und Neuerrichtung einer Einfriedung sind die einschlägigen Satzungen, Richtlinien und Gesetze zu befolgen.

### Grenzverlauf

Grundstücksgrenzen können nicht beliebig gezogen werden. Der amtlich festgelegte Grenzverlauf ist im Liegenschaftskatasterblatt (auch amtlicher Lageplan genannt) festgehalten. Die Eckpunkte sind durch Grenzsteine gekennzeichnet, die weder beschädigt noch entfernt werden dürfen. Sollte Unklarheit über den Grenzverlauf herrschen, ist Kontakt mit dem zuständigen Vermessungsamt aufzunehmen. Die Höhe und Art eines Zaunes ist nicht beliebig wählbar. Je nach Standort müssen verschiedene Vorschriften beachtet werden.

Dazu gehören:
- Grundstücke in freier Natur innerhalb von oder angrenzend an Natur-, Landschaftsschutz- oder Flurbereinigungsgebiete,
- Grundstücke an oder in unmittelbarer Nähe zu Autobahnen und Bundesstraßen,
- Grundstücke in Baugebieten.

Örtlich erlassene Satzungen, wie beispielsweise in der Landeshauptstadt München, geben eine maximale Höhe von 1,5 m an. In manchen Baugebieten ist die Errichtung von Vorgarten-Einfriedungen jeglicher Art im Interesse eines einheitlichen Straßenbildes untersagt. Ebenso kann straßen- oder blockabschnittsweise eine bestimmte Form von Einfriedung vorgeschrieben sein.
Für die seitliche und rückwärtige Grenzgestaltung gelten gleichermaßen die nachbarschützenden Bestimmungen des öffentlichen Baurechts wie auch des Privatrechts.
Bei denkmalgeschützten Bauten gehört die Einfriedung, obwohl nicht spezifisch erwähnt, zu den Ausstattungsstücken und ist ein Teil des Gesamtensembles. Beseitigungen und Veränderungen sind nur mit Erlaubnis gestattet.

### Zäune zum Nachbarn

Seitlich und rückwärtige Grundstücksgrenzen, die nicht an öffentliche Straßen und Wege angrenzen, unterliegen dem Privatrecht. Um eventuelle Streitigkeiten zu vermeiden, wird empfohlen, bei der Errichtung von neuen Zäunen die Hinweise des Nachbarrechts und die Vorschriften zum Grenzabstand des öffentlichen Baurechts zu beachten sowie den Nachbarn zu informieren. Zum einen ist es eine höfliche Geste, dem Nachbarn die Maßnahmen, die grenzübergreifende Auswirkungen haben, bekanntzugeben, zum anderen kann es in einzelnen Fällen nötig sein, das Einverständnis des Nachbarn schriftlich einzuholen. Zu bedenken ist der Standort des Zaunes

- auf der Grenze

und

- an der Grenze.

### Auf der Grenze

Die Einfriedung auf der Grenze liegt jeweils zur Hälfte in den benachbarten Grundstücken und ist damit eine gemeinsame Anlage (§ 921 Bürgerliches Gesetzbuch). Art der Einfriedung, Kosten und Unterhalt derselben müssen mit dem Nachbarn abgestimmt und in gleicher Höhe getragen werden.

### An der Grenze

Die Einfriedung wird innerhalb des Grundstücks errichtet. Art und Maß müssen sich an die Bauvorschriften halten. Alle Teile, auch die unsichtbaren, wie Fundamente, müssen auf dem eigenen Grundstück liegen. Dies kann zur Parallelgrenze führen, was jedoch selten der Fall ist.

# RANKGERÜSTE

Dieser lange, schmale Bogengang nimmt Elemente der klassischen französischen Gartengestaltung auf. Gezeigt auf der Chelsea Flower Show London, läßt er den Garten größer erscheinen, als er tatsächlich ist. Die Bogenform ist aufwendig in der Ausführung, die Farbgebung geglückt; es ist nur darauf zu achten, daß die Pflanzen nicht die Oberhand bekommen und die schöne Struktur bedecken.

Jede Epoche kennzeichnet auch ein bestimmter Typ von Rankstrukturen. Passend zu den jeweiligen architektonischen und funktionellen Ansprüchen reicht das Repertoire von den Wandspalieren des Mittelalters, den Laubengängen der Renaissance, den Gitterwerken des 17. und 18. Jahrhunderts oder den Architekturspalieren des Biedermeiers bis hin zur Postmoderne und den neoklassischen Strukturen der 90er Jahre. Viele sind nicht mehr als veredelte Abwandlungen des gewöhnlichen Spaliers, das sich so zum architektonischen Gartenelement gewandelt hat. Heute gehören Rankgerüste zur Grundausstattung jedes Gartens. Wie die Beispiele zeigen, sind das Gestaltungspotential und die Vielfalt an Formen erstaunlich. Ohne Frage liegt dies an dem Material Holz, das einfach zu handhaben ist und eine Sofortwirkung erzielt. Während eine Pflanze Zeit zur Entfaltung braucht, ist ein Spalier bereits nach der Fertigstellung vollendet. Wer die Prinzipien vom Bauen mit Holz im Freien begriffen hat, kann sich von den historischen und zeitgenössischen Beispielen inspirieren lassen und gleichzeitig eigene Ideen in die Tat umsetzen.

Die Gestaltung aller Spalierelemente ist bestimmt von der Entscheidung darüber, was im Vordergrund stehen soll: die Pflanze oder das Gerüst. Soll das Gerüst selbst die Hauptattraktion sein, ist es wichtig, daß es gesehen wird. Hier sind der Standort und die Einbindung in den Garten entscheidend. Für derartige Rankgerüste gelten folgende einfache Regeln:

- Ein Gerüst an oder in Verbindung mit Bauwerken sollte deren Baustil aufnehmen und fortsetzen.
- Änderungen in der Stilrichtung gegenüber der Architektur gelingen nur, wenn ein eindeutiger Abstand zwischen Neu und Alt geschaffen wird.
- Die neue Struktur ist als eigenständige Einheit zu betrachten.
- Auf eine maßstabsgerechte Ausführung achten, Verniedlichungen in Detail und Form sind zu vermeiden.
- Bei dreidimensionalen Strukturen ein ausgewogenes Verhältnis zwischen Höhe und Breite beibehalten.
- In einem Foto vom gewünschten Standort die vorgesehene Maßnahme einskizzieren und anhand dessen prüfen, ob die geplante Wirkung erzielt wird. Die neuen digitalen Kameras in Verbindung mit CD-ROM sind in diesem Fall zwar teure, aber hervorragende Hilfsmittel.
- Selbstverständlich müssen dabei auch die funktionellen Aspekte, wie Tragfähigkeit der Pflanze in voller Belaubung und mit Frucht und die Unterstützung der Kletter- und Schlingtätigkeit berücksichtigt werden.

Auch wenn das Gerüst mit Pflanzen verdeckt ist, muß es einem gewissen ästhetischen Anspruch genügen. Denn im Winter ohne die Laubdecke wird schlampige Arbeit offensichtlich.

Die nachfolgende Gliederung von Rankgerüsten, von einfachen Wandspalieren bis hin zu Pergolen und Laubengängen, ist nicht als Bewertung zu verstehen, sondern bezieht sich auf den Standort. Für keines der Beispiele wird besonders ausgefallenes Baumaterial benötigt. Die Latten, Bretter und Kanthölzer sind in jedem Holzhandel und Baumarkt erhältlich. Bevor man zum Werkzeug und Holz greift, ist es sinnvoll, das umfangreiche Angebot von Fertigteilen und Bausätzen zu prüfen. Zwischen den einfachen Spalierfeldern, angeboten in Baumärkten und Gartencentern, und dem Programm spezialisierter Firmen liegen Welten. In manchen Fällen bieten diese eine komplette Produktfamilie von Spalieren, Lauben und kleinen Bauten – alle auf hohem handwerklichen Niveau – an. Da die Montage nicht immer inklusive ist, sind Konstruktionskenntnisse von Vorteil, auch wenn entsprechende Bauanleitungen vorliegen.

## Wandspaliere

Spalier ist ein universaler Begriff für tragende Stützkonstruktionen, eine Ableitung vom italienischen »la spalliera«: die Rückenlehne. Die Spannweite – von den einfachen, vernagelten Latten des Hausspaliers bis hin zu perspektivischen Wandbildern – ist enorm. Ein bekanntes Bild von Bauernhöfen ist das Hausspalier, als Symbiose zwischen dem Gebauten, dem Holzgerüst, und dem Natürlichen, dem davorstehenden Birn- oder Apfelbaum. Schmückend und funktionell zugleich, ist dies wohl die einfachste und kostengünstigste Form eines Spaliers.
Die Latten für ein Wandspalier sollen nicht zu dünn sein, Breiten von 2,5 bis 4 cm in entsprechender Stärke sind am geeignetsten. Unterschieden wird zwischen einzelnen Feldern, die einfach zu bauen sind und auch als Fertigteile in Naturholz oder gestrichen erhältlich sind, und flächendeckenden Spalieren, die nach Maß als Sonderanfertigung ausgeführt werden. Das Material – Fichte, Lärche und in edelster Ausführung Eiche – ist überall erhältlich. Für eine besonders kostengünstige Ausführung können Dachlatten verwendet werden.

Wandspaliere, die ein Teil der Fassade sind und die Konturen der Fenster und Türen nachzeichnen, müssen zur Architektur des Hauses passen und bei Neubauten vom planenden Architekt entworfen werden.

Einzelne Spaliere werden eher als Rankhilfen für Clematis und Rosen errichtet als zur Verzierung einer Hauswand. Jede beliebige Form ist möglich. Diese drei Beispiele zeigen, daß auch etwas Gewöhnliches ein Gestaltungselement werden kann. ▽

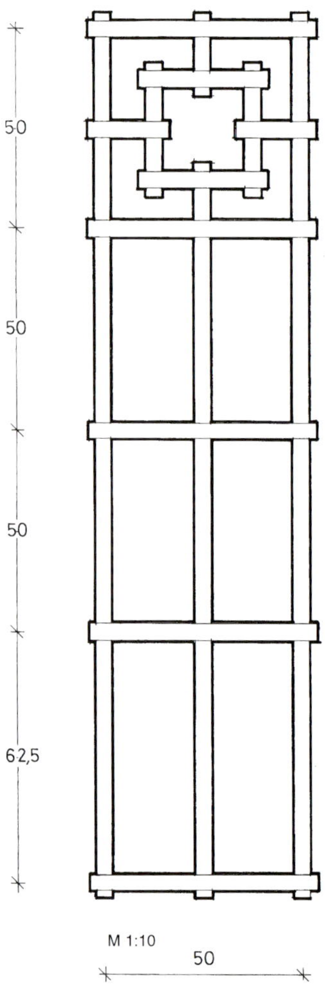


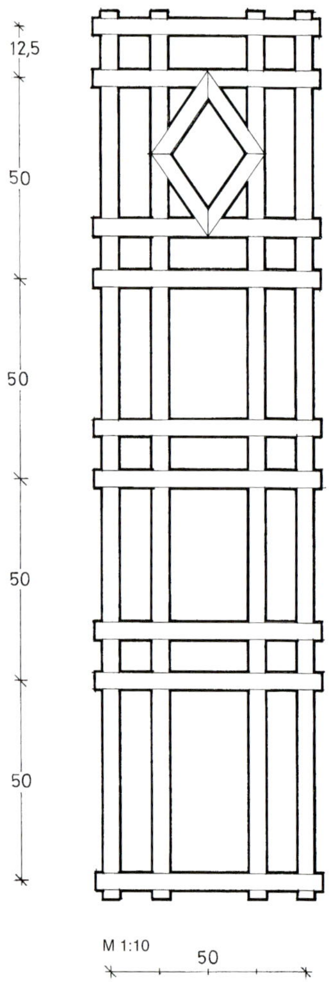


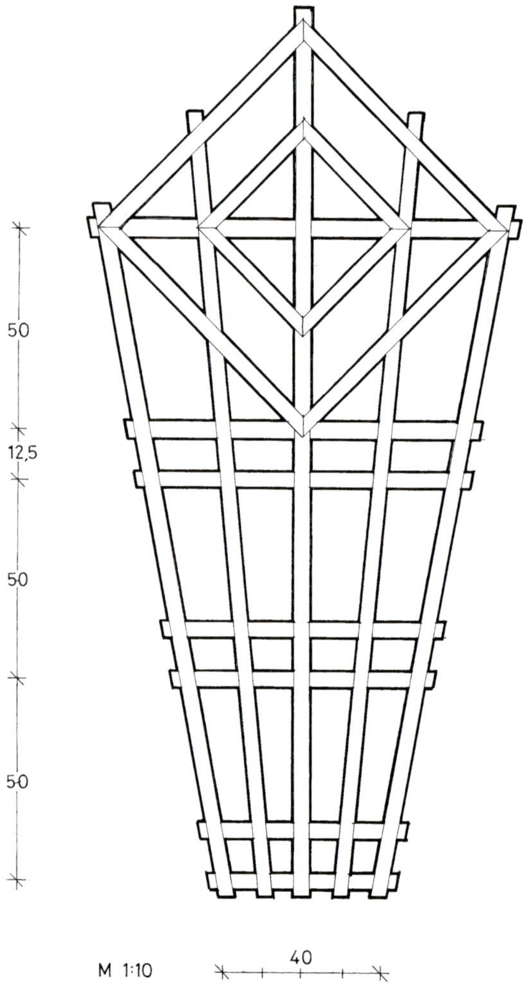

Drei Grundformen stehen zur Wahl:

- waagrechte Grundlattung, geeignet für Obstspaliere.

Mit 30 bis 60 cm großen Abständen zwischen den Latten, direkt auf dem Mauerwerk, angebracht.

- quadratische Felder durch senkrechte Lattung über der Grundlattung mit dekorativer Wirkung, auch ohne Pflanzen, an besonderen Bauten zur Betonung und Verzierung der Konturen
- Felder, unterteilt in Rauten. Für die Pflanzen bietet diese Form mehr Halt und wird deswegen bevorzugt. Der Winkel der Raute hängt vom Endformat des Spaliers ab. So haben lange, schmale Felder eher spitze 70°-Winkel, während quadratische Felder in Rauten von 45°-Winkeln aufgeteilt sind.

### Tips zur Ausführung

- Bei sich wiederholenden Formaten von Spalierfeldern eine Schablone fertigen (ein Brett mit negativem Spiegelbild der Lattenbreite und Abstände); dies spart zeitraubendes Messen.
- Das Gerüst stets mit einem kleinen Abstand zur Wand anbringen. Holz, das direkt an die Wand montiert ist, kann nicht ringsherum trocknen, fault rascher und ist später nur mit Schwierigkeiten zu ersetzen.
- Achten Sie für den Fall einer Bepflanzung auf die Holzschutzmittel, denn nicht alle sind verträglich.

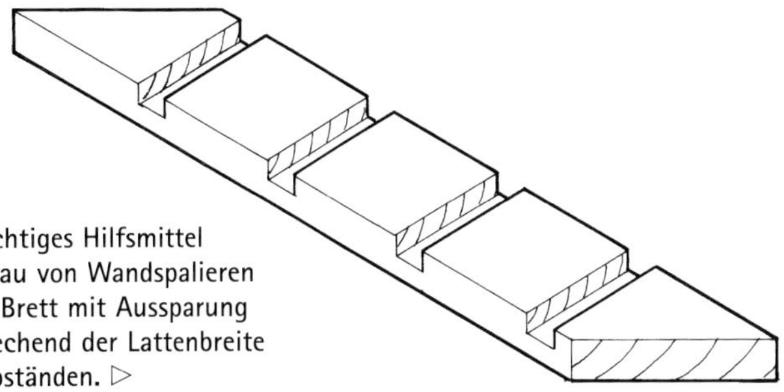

Ein wichtiges Hilfsmittel beim Bau von Wandspalieren ist ein Brett mit Aussparung entsprechend der Lattenbreite und Abständen. ▷

Quadratische und Rauten-Spalierfelder bilden die Grundtypen. Einfach übereinandergenagelt, ist jede beliebige Feldgröße möglich. Hier gezeichnet mit 10-cm-Abständen. Viele Spaliere werden gestrichen. Bei der Farbwahl bedenken Sie bitte auch die Farbgebung benachbarter Gegenstände. ▽

## Pergolen

Die eigentliche Rolle der Pergola im südländischen Klima als willkommener Schattenspender und als Rankgerüst für Weinreben ist in hiesigen Gegenden zweitrangig. Ausschlaggebend ist hier vielmehr der Reiz, einen weiteren Wohnraum im Freien zu schaffen. In Privatgärten sind Pergolen häufig direkt an der Hauswand angebracht – in Form einer offenen Überdachung der Terrasse, die auch eine Brücke zwischen Innen- und Außenraum darstellt. Hier sind die Auflagenhölzer mit speziellen Metallteilen am Mauerwerk angebracht. Eine freistehende Pergola ist mit etwas Abstand vom Haus zu plazieren, so daß jede Struktur als Einheit wirkt.

Die einfachste Konstruktion einer sogenannten **Auflagenpergola,** bestehend aus raumhohen Pfosten, verbunden mit Hölzern, verlangt wenig Spezialkenntnisse. Erst wenn das Ganze zum flächendeckenden Minibauwerk samt Pfosten, Pfetten und Auflagehölzern wird, nimmt die Ausführung einen anderen Schwierigkeitsgrad an. Das angedeutete Dach dieser **Kassettenpergola** zeigt eine gewisse Schwere, insbesondere, wenn es mit engen Lamellenfeldern bedeckt ist.

In beiden Formen können die Stützen in einem anderen Material, beispielsweise Naturstein, Klinker, Ziegel oder Beton, ausgeführt sein. Um ein Potpourri von Materialien zu vermeiden und eine gewisse Einheitlichkeit der Gestaltung zu erzeugen, ist das Baumaterial des Hauses aufzunehmen. Sollte Holz durchgehend verwendet werden, stehen Rundholz und Kantholz zur Wahl. In beiden Fällen ist es vernünftig, die Pfosten in Metallschuhe zu setzen, um direkten Bodenkontakt zu vermeiden.

Die Stärke der Pfosten wie auch die der Träger hängt ab von:

- dem Gesamtgewicht
- der Spannweite der Träger
- der gewünschten optischen Erscheinung.

Das Größenverhältnis von Stützen, Pfetten und Auflagehölzern muß stimmen, die Gesamtdimensionen der Pergola zur Gartengröße passen. In manchen Situationen helfen optische Täuschungen: Um z. B. schlanke Stützen vorzutäuschen, muß nicht unbedingt der Stützenquerschnitt reduziert werden, sondern man kann die Höhe nach oben hin, über die übliche »Raumhöhe« hinaus, strecken.

Bei größeren Pergolen mit mehr als zwei Reihen von Stützen muß der Rhythmus des Stützenfeldes und dessen Auswirkung auf die Benutzbarkeit der Fläche geprüft werden. In allen Fällen ist die Funktion der Fläche zu bedenken und ausreichend Platz für die vorgesehene Tätigkeit zu berechnen. Hierzu gehören Standort, Anordnung und Anzahl des Mobiliars.

Die Gestaltung der Pergola muß entweder im Einklang mit dem Gesamtgartenstil oder absichtlich in Kontrast dazu stehen. Auch wenn rustikale Ausführungen sehr verlockend sind, kommen diese nur zur Geltung, wenn sie nicht in unmittelbarer Nähe des Hauses errichtet werden.

Sollte die Ausführung der Pergola an eine Fachfirma vergeben werden, muß die Gestaltung und Holzart im Vorfeld besprochen werden. Zur Verdeutlichung des Ausführungsstils sollten Sie sich unbedingt eine Zeichnung oder Fotografie der Pergola vorlegen lassen. Im Angebotspreis müssen auch Nebenarbeiten, wie eventuelle Wiederherstellung des Bodenbelages sowie Aushub und Hinterfüllung von Pflanzlöchern usw. berücksichtigt sein. Um Probleme und Unstimmigkeiten zu vermeiden, lassen Sie alle Maße von der Fachfirma nehmen und bestehen Sie auf einer Ortsbesichtigung. Bei der Bestellung von Katalogware vorher prüfen, ob der Pergolatyp in der angebotenen Größe in Ihren Garten paßt.

### Tips zur Ausführung

- Erprobter Richtwert: Stützenabstand 3 m
Minimale lichte Höhe: 2,30 m
- Verbindung zwischen Pfetten und Auflagehölzern überlegen.
- Stirnholz der Pfosten mit der fachgerechten Verbindung der Auflagehölzer schützen.
- Längsverbindung von Auflagehölzern über längere Strecken bedenken.
- Der Überstand der Auflagehölzer soll je nach Proportion mindestens 30 cm, maximal 60 cm betragen.
- Wasserlöcher vermeiden, Schrauben bündig mit der Oberfläche versenkt anbringen.
- Kassetten erst im Rahmen setzen, dann anschließend montieren.
- Pfosten in Metallschuh setzen.
- Bei kesseldruckimprägniertem Holz angeschnittene Stellen mit Holzschutzmittel nachbehandeln.

In dieser beispielhaften, eindrucksvollen modernen Pergola sind die Pergolastützen zu einer umgedrehten U-Form analog zur Architektur des Hauses verbunden. Durch die diagonalen Führungen der Hölzer ist eine Verbindung zwischen Außen- und Innenraum geschaffen.

Kassettenpergolen geben eine wunderschöne Schattenstruktur. Die Pergola nimmt Material und Design des Balkons auf.

## Laubengänge

Vom Haus getrennt und freistehend im Garten, nehmen die Bestandteile der Pergola eine andere Form an. Ob vereinzelt in Form von Lauben oder als langgestreckter Tunnel, ist die Konstruktion eng mit Pflanzen verbunden. Laubengänge sind vielseitige und nützliche Gestaltungselemente, beliebt in großen und kleinen Gärten. Der Laubengang kann vom Gartentor zur Haustür führen oder z. B. einen Teil des Gartens vom anderen trennen. Vor allem aber läßt sich bei diesem Gartenelement Funktion mit Ästhetik kombinieren. Fast immer sind Laubengänge als freistehende, wegbegleitende Konstruktion mit gewölbtem, schrägem oder geradem Dach anzutreffen. Wie bei vielen Gartenstrukturen stellt sich auch hier die Frage, ob der Konstruktion oder der Bepflanzung größere Bedeutung zukommen soll. Obwohl Laubengänge wichtige Bestandteile der Gartengestaltung des 16. und 17. Jahrhunderts waren, war das grob gezimmerte, oft nur aus Ästen bestehende Holzgerüst zweitrangig. Einfach in den Boden gerammt und verbunden mit Querhölzern, sollte es nur so lange halten, bis die Linden, Hainbuchen oder sonstigen Pflanzen ihre endgültige Bogenform erreicht hatten. Erst als das Warten auf die fertige grüne Gestalt zu langwierig wurde, bekam die Holzkonstruktion ihre eigene Berechtigung. Holz wurde gesellschaftsfähig und zum wichtigen Bestandteil des Gartens deklariert.

Die Ausführung der »Schreinerarbeit« lag nunmehr in den Händen von Fachkräften und nicht im Zuständigkeitsbereich des Gärtners. Beschreibungen wie aus »Des Adels Land- und Feld-Leben« Anfang des 17. Jahrhunderts geben klare Anleitungen zum Material und zur Konstruktion:

»... dazu gehören saubere, auf den Sägemühlen geschnittene Latten von Tannen- und Fichtenholz, haslene und birckene Reisstangen wie auch Bandweiden sie aneinander zu fugen. Das Inwendige soll mit seiner Stärke das ganze Gebäude tragen und erhalten muß / soll ein enchener starker Pfahl / oder gar ein ausgebauter oder gesägter Sparr so dick / groß und lang als es des ganzen Werks oder Gebäudes anständige Nothdurfft erfordert ...«

Der Übergang zu Gitterwerken, in denen die Pflanze keine Rolle mehr spielte, war hiermit vorprogrammiert.

Gegenüber den Extremen der Holzarchitektur zeigen die Gärten der Engländer Gertrude Jekyll und Edwin Lutyens eine harmonische Integration der architektonischen Elemente im Garten. Geplant und ausgeführt Anfang des 20. Jahrhunderts, sind sie heute noch beispielhaft und besser angepaßt an unsere Vorstellung von einem schön ausgestatteten Garten.

Einige grundsätzliche Punkte helfen bei der Gestaltung eines Laubengangs. Die Breite von 2 bis 3 m sollte so ausgelegt sein, daß zwei Personen bequem nebeneinander gehen können. Je länger der Laubengang, desto breiter muß er sein. Kleine Tricks erlauben optische Täuschungen. Soll die tatsächliche Länge des Laubengangs überspielt werden, muß er nur breiter sein. Kurze Abschnitte können optisch gestreckt werden, wenn sie schmäler als üblich ausgeführt werden. Von den möglichen Dachformen ist das Flachdach mit regelmäßig verteilten Auflagehölzern am einfachsten zu bauen. Die Höhe von 2,5 m bis 3,5 m muß nicht nur ausreichend zum Begehen sein, sondern auch in angemessener Relation zur Breite sein. Richtungsänderungen, wie auch Anfang und Ende des Laubengangs, können durch integrierte Lauben betont werden.

Ein noch gut erhaltenes Beispiel eines Laubenganges, gebaut aus gestrichenem Eichenholz, die Säulen mit klassischen Kapitellen geschmückt. Auftakt des langen Ganges ist ein Pavillon, verziert mit Laubsägearbeit, im Puschkin Garten, St. Petersburg.

### Tips zur Ausführung

- Der Bau wird ähnlich wie der von Pergolen durchgeführt. Am geeignetsten sind Modulelemente, die beliebig ergänzt werden können.
- Geschlossene Laubengänge komplett aus Holz mit 2- bis 3-m-Modulelementen anlegen, offene Laubengänge mit gemauerten Stützen in 3- bis 3,5-m-Abschnitten.
- Bei einem Richtungswechsel Auflagenhölzer auf Gehrung setzen.

Klassische Konstruktion eines Laubenganges aus Rundhölzern. Hier sind die Auflagenhölzer auf der Unterseite passend ausgeschnitten und liegen einfach auf den Pfetten.

In Barrington Court wurden die Gedanken der Gartengestalterin Gertrude Jekyll verwirklicht. »Glücklicherweise sind wir zu einer vernünftigen Verwendung von Spalieren zurückgekehrt, wo die edel gestalteten Holzstrukturen und die nobel blühenden Pflanzen in einem ausgewogenen Verhältnis zueinander stehen.« Auf Ziegelstützen, passend zum Bodenbelag, liegen Hölzer in einer Diagonalführung mit Drähten dazwischen. Die Konstruktion ist ersichtlich, die Pflanzen nur Begleitung.

Rundholz-Rosenbogen, bewachsen
mit der Rose 'American Pillar'.

## BAUANLEITUNG – ROSENBOGEN

Rosenbögen sind beliebt zur Betonung von Gartentoren, als Blickachsen im Garten und sind Bestandteil jedes klassischen Rosengartens. Trotz des umfangreichen Angebots von Fertigware sind immer neue Versionen dieses klassischen Gartenelements zu finden. Ihre handliche Größe und überschaubare Ausführung macht sie zum Selberbauen reizvoll. Der abgebildete Rosenbogen (s. Seite 44) wurde von Lehrlingen im Rahmen der überbetrieblichen Ausbildung zum Zimmerer ausgeführt.

Bitte beachten: Die Leiterstruktur könnte Kinder zum Klettern verführen, deshalb nicht in unmittelbarer Nähe von scharfen Gegenständen aufstellen.

Der Bogen muß nicht mit Rosen berankt sein, andere Kletter- und Schlingpflanzen sind ebenso geeignet. Wie bei allen Konstruktionen sind individuelle Lösungen möglich, wie dieser »Hausbogen«, gesehen in Kanada.

Ein Rosenbogen gehört einfach zum Garten. Aber auch wenn (wie hier abgebildet) zur Blütezeit der Rose 'Madame Caroline Testout' kaum etwas von der Struktur des Gitterwerk-Rosenbogens zu sehen ist, muß er fachmännisch ausgeführt werden.

## BAUANLEITUNG

**Holzart** (wie abgebildet)
Rahmen Fichte, Sprossen Lärche. Es empfiehlt sich, den Rosenbogen ganz aus Lärche zu bauen.

**Fertige Maße**
Untere lichte Breite: ca. 135 cm
Lichte Höhe: ca. 192 cm
Untere Tiefe: 50 cm
Solange die Proportionen beibehalten werden, kann jede beliebige Größe gewählt werden.

**Holzliste**
Rahmenhölzer 55 x 55 mm (aus Rohware 60 x 60 mm)
4 Stück, 180 cm lang
4 Stück, 60 cm lang
2 Stück, 65 cm lang
19 Sprossen 20 x 30 mm, Länge von 40 bis 70 cm
Die Ausgangsmaße sind etwa 5 mm stärker zu nehmen, wenn von Rohlingen weggearbeitet wird.

**Verbindungen**
Ecküberblattung mit verzinkten Nägeln
Schrauben, 4 x 50 mm, Stückzahl 2–4 je Blatt, gesichert.

## ARBEITSABLAUF

Höhe des Bogens ermitteln, Maßskizze anfertigen, danach Holzliste erstellen.

**1.** Rahmenleiter bauen: Die zwei seitlichen Rahmen herrichten, halbecküberblattete Verbindung aufreißen und fachgerecht ausführen. Abstand zwischen den seitlichen Stützen genau messen, Einteilung der Sprossen aufzeichnen und Sprossen verteilen. Löcher entsprechend vorbohren.

**2.** Anschließend mit Senkbohrer passend zur Schraubenkopfgröße bohren. Die Schrauben nicht zu tief einschrauben, damit keine Vertiefung entsteht, in der das Wasser stehenbleiben kann.

**3.** Montage der Rahmenleiter: Abstand zwischen den Leiterteilen genau einmessen und den oberen, dreiteilig abgeschrägten Bogenrahmen montieren. Die Verbindung eventuell zusätzlich mit wasserfestem Leim zusammenfügen und an den Innenseiten verschrauben. Obere Sprossen nach Skizze gleichmäßig verteilen und anbringen.

Montage vor Ort: Erdnägel einschlagen (am billigsten ist Baustahlabfall), anschließend die Stützen mit Draht an die Nägel binden. Diese Befestigung wird nur zur Sturmsicherung benötigt. Nach dieser einfachen Methode läßt sich der Rosenbogen beliebig im Garten umstellen.

**Tips zur Gestaltung**

- Die Aufteilung der Sprossen ist frei wählbar; bestimmt wird sie lediglich von der gewählten Aufteilung über den Bogen. Sie sollten aber auf jeden Fall, wie in diesem Beispiel, gleichmäßig sein.
- Winkel und Gesamthöhe sind nach Bedarf zu gestalten. Für manche Zwecke ist ein schmaler, niedriger Bogen besser geeignet als ein breiter und höherer.
- Kletterpflanzen lassen sich gut an den Rahmen und Sprossen festbinden.

1 △

2 △

3 △

## Freistehende Gerüste, Pylone und Pyramiden

Edle Holztürme, berankt mit Wicken im Blumenbeet. Auch unbehandelt oder in anderen Farben erhältlich.

Diese mobilen, tragbaren Teile von 100 bis 200 cm Höhe sind wertvolle temporäre Strukturen, die einfache Bohnenstangen genauso wie aufwendige Architekturstrukturen umfassen. Oftmals bilden sie einen Höhepunkt im Garten. Ihr Ursprung aus dem Nutz- oder Rosengarten ist nicht zu verleugnen. Aus den vielen Variationen sind drei besonders geeignet für die Konstruktion aus Holz:

- Einfache Käfige aus Latten, die um einzelne oder eng gepflanzte Strauch-, Park- oder Kletterrosen gestellt werden. Fast wie Vasen halten sie die Stämme aufrecht und lassen die Blüten über die oberen Latten wie Kaskaden fallen.
- Edle, fein bearbeitete Pyramiden mit Kantholzstützen und Feldern aus Gitterwerk. Für filigrane und zarte Schlingpflanzen, wie Clematis, geeignet. Oft in Eiche oder tropischem Hartholz ausgeführt. Ein gutes Angebot in Fertigware führen Spezialfirmen.
- Pyramiden oder Rauten, ähnlich den edlen Formen, aber in rustikaler Ausführung; passend zum Nutz- oder Naturgarten. Bestehend aus gleichmäßig langen Haselruten, am Spitz gebunden und in regelmäßigen Abständen mit Bändern von Weiden geflochten. In drei Größen von Korbflechtern erhältlich (s. Seite 80).

## Gitterwerk

Innerhalb der Gattung ist Gitterwerk ein eigenständiger Typus von Spalierwerk. Es handelt sich um eine aufwendige Form des Wandspaliers, um eine maßangefertigte Kulisse, die das Umfeld aufwertet und ein gewisses Ambiente vortäuscht. Als Fertigware und als Sonderanfertigung, entsprechend dem Ehrgeiz des Bauherrn und Handwerkers, stellen Gitterwerkbauten eine Hochleistung im Garten dar.

Auch bekannt unter dem lateinisch-französischen Namen Treillage, hat dieses Element eine Sonderstellung im Garten. Das Wort wie auch der Gegenstand waren bis vor zehn Jahren fast aus der Sprache verschwunden. Ursprünglich ein Relikt der französischen Hofsprache und Hofkultur des 17. Jahrhunderts, zeigten diese Bauten eine Verfeinerung der Laubenarchitektur. Kein Fürstenhof, der etwas auf sich hielt, war ohne einen Garten mit Treillage. Die aufwendig gearbeiteten, extrem leichten und zum Teil transparenten Holzscheinbauten aus Gitterwerk, in Verbindung mit Laubsägearbeit, waren als Festdekoration und Bühnenbild beliebt. Der Gartenarchitekt war damals zugleich auch Theaterbaumeister und Festdekorateur. Der Garten wurde zur Inszenierung.

Grüne Illusionen von Räumen in einem Hamburger Stadtgarten, zusammengestellt aus Holzelementen, erhältlich von Stuart Garden Architecture.

Treillage wertet manch eine Brandwand auf. Hier nimmt die Scheinarchitektur Elemente der Fassade auf, auch wenn dabei ein Fenster verdeckt wird.

Bedingt durch ihre leichte Bauart ist es verständlich, daß heute nur noch wenige historische Beispiele erhalten sind. Stiche und Gemälde deuten auf die Vielfalt dieser Modeerscheinung hin und geben Anregungen für den heutigen Einsatz. Die Renaissance von Gitterwerk, vor allem der Treillagen, ist eng mit dem zunehmenden Bewußtsein für Gestaltungen im Außenraum verbunden. Obwohl in einer weniger prachtvollen Umgebung als ihre Vorgänger, werden Treillagen nach wie vor zur Verkleidung verwendet. Besonders in kleinen Stadtgärten sind sie wichtige Gestaltungsmittel, um häßliche Mauern zu kaschieren.
Durch die Variation im Muster – Quadrate, Rauten, Ovale und Kreise, ergänzt durch Verzierungen wie Vasen, Amphoren und Girlanden – kann der kleinste Gartenraum transformiert werden. Die Spielerei mit Perspektiven und optischen Täuschungen, sogenannten »Trompe-l'œils«, verlängert Blickachsen und verleiht dem Garten eine Tiefe, die das Ganze in eine Scheinwelt versetzt.

Trompe-l'œils sind Rahmen und optische Täuschung zugleich, ohne die das Fliesenbild nicht den erzielten Effekt haben würde.

Hell-Dunkel-Spiel zwischen den strahlend weißen Holzgängen und Schatten in Huntington Gardens, Los Angeles.

Wer eine dekorative Trennung zwischen zwei Gartenteilen haben möchte, dem sei geraten, Gitterwerk zu nehmen. Im Hintergrund ist das Motiv an der Mauer wiederholt.

Früher bestand das Gitterwerk aus 1 bis 2 cm breiten Eßkastanien-, Eichen- oder Eschenlatten, die mit Eisendraht und Eisenstäben miteinander verbunden waren. Die einzelnen Paneele wurden vorgefertigt und am Ort montiert, freistehende Strukturen mit Eisenstäben gestützt und mit Verzierungen aus Holz oder Eisenblech ergänzt. Anschließend bekam alles einen grünlichen Anstrich.

Wer heute eine Treillage bauen will, verwendet wie für gewöhnliche Spaliere 2,5 bis 4 cm breite Latten. Diese werden in einfachster Form über Kreuz genagelt oder überblattet und in einen maßgearbeiteten Rahmen gesetzt. Eine Schablone erleichtert die Arbeit und sorgt für eine gewisse Regelmäßigkeit. Zuerst werden die Maße vor Ort genommen und eine Auswahl von Entwürfen vorbereitet, bis die endgültige Zeichnung, nach der die Teile gefertigt werden, entsteht. Es wird unterschieden zwischen regelmäßigem, flächendeckendem Gitterwerk und Gitterwerk, das in Teile von verschiedener Größe und Gestalt gegliedert ist. Das Ganze ist wie ein Bild zu behandeln, in einen stabilen Rahmen zu setzen und wird an einem prägnanten Platz montiert.

Pflanzen können das Feld rahmen, sollten es aber auf keinen Fall bedecken. Soll die Arbeit gestrichen werden, gelten die Grundregeln zur Farbauswahl, zutreffend für alle Arbeiten im Garten.

### Tips zur Ausführung

- Großflächige Arbeiten wie ein Puzzle in kleine Abschnitte teilen und vorfertigen. Die Probemontage auf einer ebenen Fläche (Garage oder Werkstatt) vornehmen, Teile numerieren und an Ort und Stelle in festgelegter Reihenfolge montieren.
- Von der Mitte aus montieren.
- Erst nach Fertigstellung, aber vor der Montage streichen.

# BAUTEN IM GARTEN FÜR MENSCHEN UND TIERE

Sommerhäuser und Pavillons wie auch alle weiteren Ausformungen von Gartenbauten, mit Ausnahme der Gartenschuppen, sind ausgesprochene Luxusanlagen. Es besteht keine zwingende Notwendigkeit, sie zu errichten. Für den Garten aber sind die Bauwerke im Grünen wertvolle Blickpunkte, für den Besitzer ein Rückzugsort, ein Rastplatz oder einfach ein weiterer Raum. Allein die Vielfalt an phantasiereichen Strukturen – vom streng Klassischen bis zum Verwegenen, passend zum Gartenstil und zu den Ambitionen des Besitzers – ist erstaunlich.

Gartenbauten sind nicht beschränkt auf große Gärten, auch kleinere, geschlossene Stadtgärten können durch sie aufgewertet werden. Solange die Struktur dem Charakter eines Gartenhäuschens entspricht, dies nicht als Daueraufenthalt verwendet wird und unter der Maximalgröße bleibt, sind jede Form und jedes Material erlaubt. Kleingarten- und Wochenendhäuser gehören allerdings – auch wenn sie aus Holz sind und im Garten stehen – nicht in den Rahmen dieses Buches. Sie haben in allen Aspekten ihrer Planung und Ausführung einen ähnlichen Schwierigkeitsgrad wie Holzhausbauten, von denen sie sich nur in der Größe unterscheiden.
Die Nomenklatur der Gartenbauten ist umfangreich. Übernahmen aus dem Englischen und Französischen werden mit Volksbezeichnungen gemischt und sind für den Laien verwirrend. Der Einfachheit halber sind die gängigen Holzgartenbauten in drei Gruppen gegliedert:

- offene Gartenbauten
- geschlossene Gartenbauten
- Sonderformen.

Alle Formen sind überdacht, in der Regel 4 bis 9 $m^2$ groß und können in sämtlichen möglichen Grundrissen von quadratisch bis rechteckig, sechseckig, achteckig und rund, sogar als Dreieck vorkommen.

Als ein Rückzugsort, eingebettet im Garten, sind Sommerhäuser bescheiden in der Größe, aber ausdrucksvoll in der Gestalt.

The Lathe House. Wie ungewöhnlich, aber trotzdem vertraut ein Bau im Garten erscheinen kann, beweist dieses Lattenhaus, entworfen und ausgeführt vom Amerikaner Wayne Hill.
Das etwa 15 m lange Gartenhaus nimmt die Architektursprache einer Scheune North Carolinas auf und interpretiert sie für einen Standort im Garten. Der elegante Skelettbau – gebaut aus imprägniertem »Southern Yellow Pine« (ein amerikanisches Kiefernholz), die Bauteile sind mit Schraubbolzen verbunden – hat romantischen Charme. Wie ein Dornröschenschloß mit Rosen (Rose 'Albéric Barbier') und Lonicera überwuchert, fügt es sich hervorragend in den Garten ein.

Luftiges Gitterwerk-Badehaus am Schwimmbecken mit diagonal verlegtem Rotzeder-Holzdeck um den Pool.

Ein Gazebo im Garten. Die Stützen sind aus stärkeren Kanthölzern, der Zwischenraum ist mit eingesetzten Gitterfeldern gefüllt, das Dach sparsam definiert.

## Offene und geschlossene Gartenbauten

Zu den offenen Gartenbauten gehören **Pavillons** – ein Wort, das aus dem Lateinischen stammt und für Zelt oder Schmetterling steht. Früher temporäre Strukturen, werden sie heute im Volksmund mit leicht überdachten Bauten in Zusammenhang gebracht. Pavillons sind kleine Strukturen mit Platz für eine Bank, einzelne Stühle und einen Tisch.

**Gazebos** sind an Orten mit einem besonderen Ausblick zu finden. Sie sind an allen Seiten offen, jedoch oft mit einer zierlichen, teils transparenten Brüstung versehen. Die filigranen Bauten sind oft in Weiß oder Pastelltönen gestrichen.

Ebenso sind **Belvedere** immer an einem Aussichtspunkt plaziert, aber eher in architektonischen Gärten zu finden, wo sie entsprechend dem Gartenstil klassische und strenge Gestalt annehmen.

Schlechtwetter-Unterkünfte, auch **»Regenpilze«** genannt, sehen wie riesige Schirme aus. Offen an allen Seiten und an leichte Erhöhungen gebaut, bieten sie als einzigen Komfort eine Rundbank um die starke mittige Stütze.

Eine **Laube** ist inzwischen mehr als nur ein grünes Haus, sie ist über die Jahre hinweg im Volksmund auch zum selbständigen Bauwerk geworden. Die wahre Form, nämlich die des filigranen Gerüstes, sei es einzelstehend oder als Teil eines Laubenkomplexes, wird immer weniger gesehen. Dies ist wahrscheinlich auf die beschränkten Benutzungsmöglichkeiten zurückzuführen, denn nur bei schönem Sommerwetter ist der Aufenthalt angenehm. Die Laube ist wie ein Skelettbau, manchmal mit angedeuteten Fenstern, öfter nur mit einfachster Dachkonstruktion.

Geschlossene Gartenbauten sind in allen Stilrichtungen anzutreffen. **Sommerhäuser** kommen in unzähligen Varianten vor. Hauptsächlich geschlossene Bauten mit drei oder mehr Wänden, sind sie oft mit Fenster- und Türöffnung versehen, in komfortablen Ausführungen sogar verglast und mit abschließbarer Tür ausgeführt, um den Aufenthalt auch in den kühleren Jahreszeiten zu ermöglichen. Im Kontrast zu den offenen Bauten ist der Boden um eine Stufe erhöht und eindeutig Teil der Konstruktion.

Viel öfter in einem Landschaftsgarten anzutreffen als in anderen Gärten, haben Regenpilze eine sehr rustikale Erscheinung. Dieser ist der Zielpunkt im Irrgarten von Glendurgan. Mit vier Stützen ist er etwas größer als üblich.

Um überhaupt zur Geltung zu kommen, muß das Bauwerk einen Bezug zum Garten und zum Grünen haben. Die Garbenlaube ist umrahmt von Pflanzen, nur der Blick nach vorne bleibt offen.

## Sonderformen

Sonderformen von Gartenbauten sind Abwandlungen der Grundtypen, die entweder eine besondere Gestalt annehmen oder einem vorgeschriebenen Zweck dienen. **Überdachte Sitzbänke** beispielsweise können sehr aufwendig sein. Die Sitzbank ist umgeben von einer Rückwand und schmalen seitlichen Wänden, die kaum tiefer als die Sitzbank selbst sind. Diese Bänke sind Zwischenlösungen und finden sich oft als Rastplätze in größeren Gärten verstreut, wo eine größere Struktur die Harmonie des Gartens beeinträchtigen würde.
Hauptsächlich in abgelegenen Winkeln, tief im Bewuchs eingebettet, mit Aussicht auf die Natur ist die **Eremitage** anzutreffen. Rustikal im Aussehen, in der Regel in aufwendiger Naturholzarbeit gebaut, ist sie ein Ort der Stille und Besinnung in einer idealen Landschaft. Ein weiteres Bestückungsobjekt des Landschaftsgartens, jedoch mit weniger Betonung auf die Aussicht, ist die **Klause,** die oft nicht mehr als eine Hütte darstellt.

Auch ein bescheidener Gartenschuppen kann zum Teil des Gartens werden. Statt ihn zu verstecken, kann er Mittelpunkt sein, hier reichen etwas Farbe und Mut.

Gerade bei überdachten Sitzbänken kommt es auf die Einbindung an. Hier sind sie wie Wächter in Heckennischen eingeschoben.

Teehäuser und sonstige orientalische Pavillons sind besonders schwierig im Garten zu integrieren.
Um richtig zur Geltung zu kommen, muß auch die Pflanzung im Stil des Bauwerkes gehalten werden.

**Das Teehaus** gehört zum Inventar eines chinesischen oder japanischen Gartens. Teilweise versteckt, über Zickzackbrücken oder mäandernde Wege zu erreichen, eröffnet es immer den Blick auf eine stille Landschaft. Gebaut im asiatischen Baustil, ist das Teehaus ein Exot im Garten.

In die Gruppe der Sonderformen gehören auch **Spiel- und Baumhäuser.** Der Wunsch jedes Kindes und manch eines Erwachsenen ist es, seine eigene Behausung zu haben.

Während Erwachsene ihr Sommerhaus bevorzugen, lieben Kinder ein Spielhaus in Bodennähe oder ein Baumhaus als Ausguck, schwebend über dem Garten. Von einfachen, zusammengenagelten Brettern bis hin zur richtigen Architektur sind unendlich viele Beispiele zu finden.

Bei allen diesen Bauten sind der Standort im Garten und die Einbindung ins Grüne maßgebend. Nicht nur der Blick auf das Bauwerk zählt, sondern natürlich auch der von innen nach außen.

Hier schmiegt sich der Baukörper des Baumhauses wie ein Kokon um die Hauptäste. Die scheinbar einfache Bauweise verleugnet durchdachte Details. Diese beispielhafte Ausführung ist am Abenteuerspielplatz von Parnham House zu finden.

Ein hochkantgestelltes Sommerhaus, betont durch eine breite Holztreppe. Eine Art exklusives Baumhaus, das sicherlich nicht in jeden Garten passen würde, aber in dem sich jeder wohlfühlen würde.

## Gartenbauten aus der Serienproduktion oder Einzelanfertigung?

Neben den vielfach in Baumärkten angepriesenen üblichen Lösungen sind inzwischen hervorragende Gartenbauten von Spezialfirmen erhältlich. Das Angebot war noch nie so umfangreich wie heute; von sachlich-modernen bis zu romantischen Lösungen ist alles zu haben. Auch Katalogware kann zu einem Aufpreis leicht modifiziert werden, um den persönlichen Bedürfnissen entgegenzukommen. Trotz dieser Vielfalt sind es die Einzelanfertigungen, die immer wieder für Aufsehen sorgen. Hier vereinigen sich handwerkliche Leistung mit den Sonderwünschen des Bauherrn. Keiner der Bauten, auch nicht der einfachste, kommt allerdings billig.

Unter den zahlreichen Varianten von Spalierbauten ist dieses moderne Gartenhaus mit halbhohen geschlossenen Wänden und eingebauter Sitzbank beispielhaft in Design und Ausführung.

Eine Behausung für eine Sitzbank. Damit der Platz nicht zu dunkel, aber doch geschützt ist, wurden die oberen Teile mit Glas ausgeführt. Wer genau hinschaut, bemerkt viele interessante Details, wie etwa das Vogelhaus an dieser selbstgebastelten Laube.

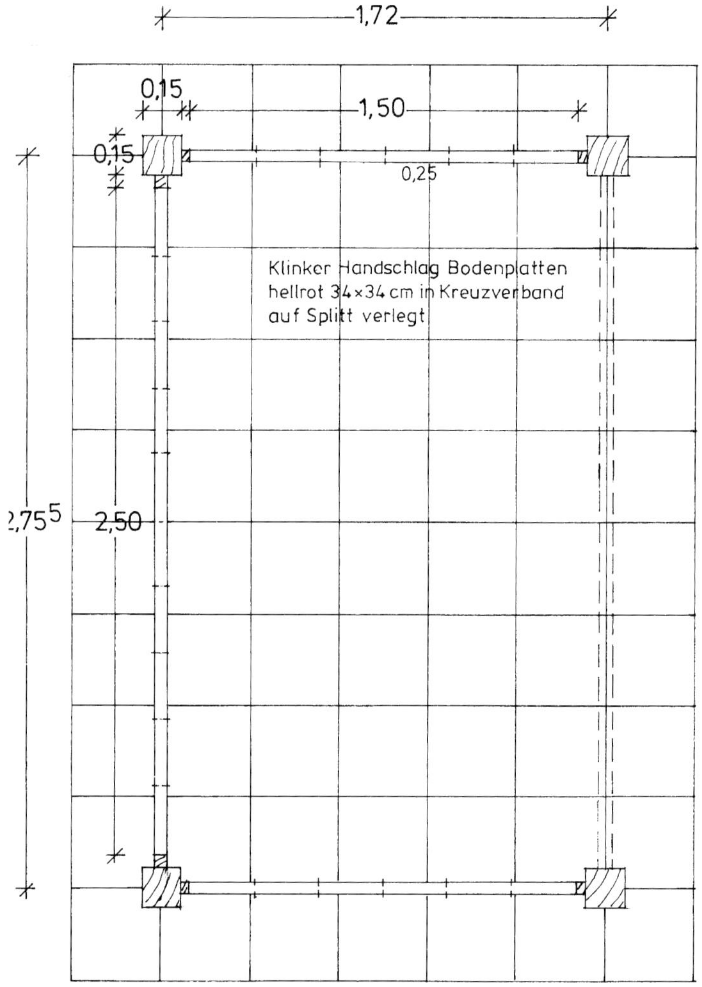


## Tips zur Gestaltung

- Gartenstil und Bauwerk müssen aus einem Guß sein.
- Auch in unmittelbarer Nähe des Hauses ist es nicht erforderlich, die Architektur des Hauses zu imitieren oder einen direkten Bezug zur Architektur zu schaffen. Von einer krassen Gegenüberstellung ist abzuraten.
- Das Material der Komponenten, von Stützen, Wänden und Dach, aufeinander abstimmen; vor allem bei Dachdeckung und Bodenbelag aufpassen.
- Ausreichende Größe planen, um die gewünschte Möblierung unterzubringen.
- Stets einen Dachüberstand zum Schutz vor Feuchtigkeit einplanen.
- Mit Farbe arbeiten. Von allen Elementen im Garten profitieren die Gartenbauten, mit Ausnahme bei Naturholzarbeit, von der Farbe am meisten.

Grundriß, Seitenansicht und Rückseite einer Gartenlaube mit offener Front, entworfen für einen leicht erhöhten Platz mit Blick auf das Haus und davorliegender Wiese. Eine einfache Version der Treillagelaube, ausgeführt mit Kanthölzerstützen 15 x 15 cm, in Pfostenschuhe gesetzt. Gitterwerkpaneele an drei Seiten, Rahmen 5 x 5 cm, Latten 2,5 x 4 cm. Dachdeckung Holzschindel. Alle Holzteile sind aus dunkelgrün gestrichener Fichte.

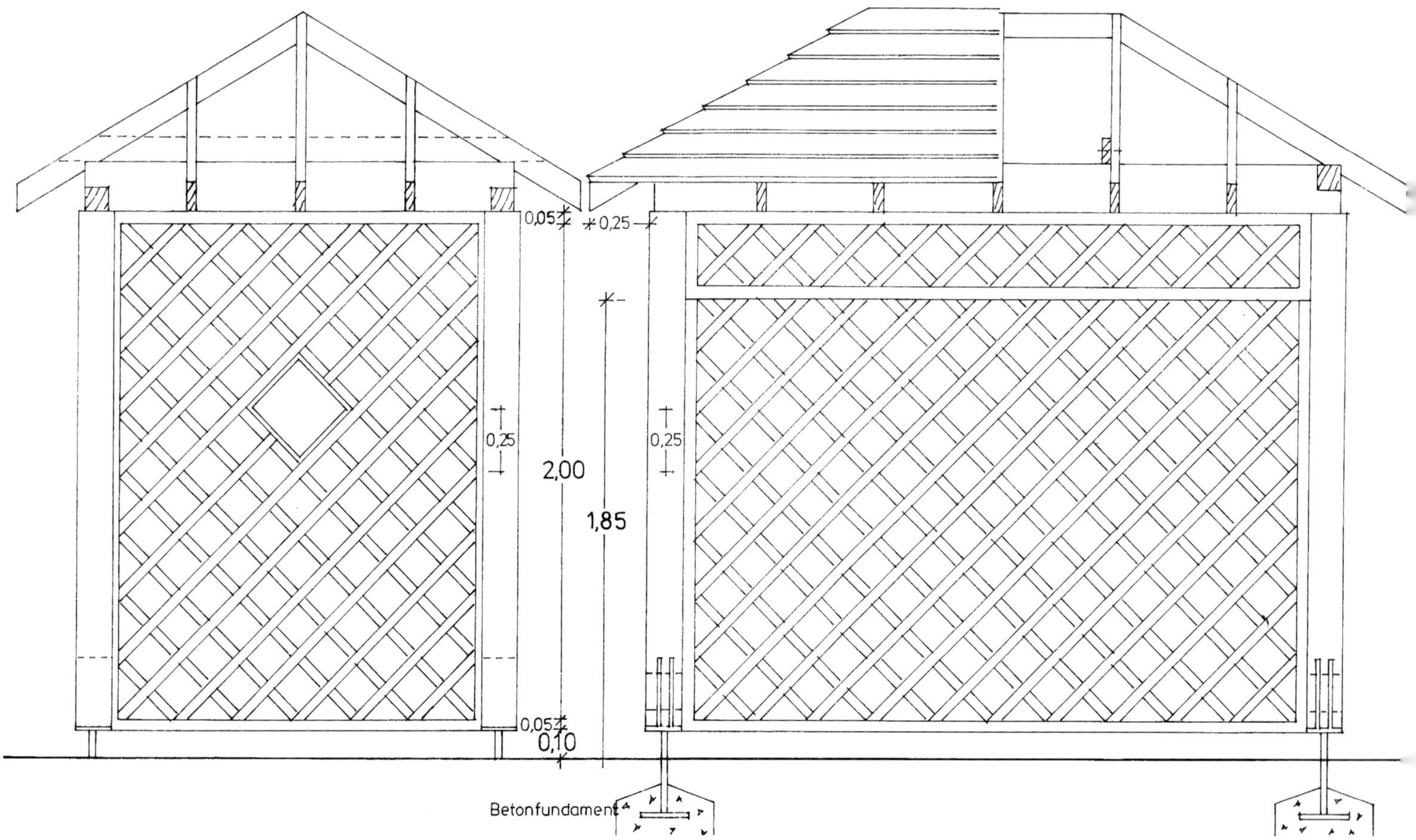

Alles ist in diesem kleinen Garten auf den Pavillon abgestimmt. Diese Sonderanfertigung hat etwas von einem Musikpavillon im Park.

Aufwendig und reichlich verziert, ist diese Treillagelaube mit ihrer klassischen Eleganz in architektonischen Gärten zu Hause.

### Tips zum Standort

- Schattenwurf bedenken.
- Öffnungen im Windschatten der Hauptwindrichtung plazieren.
- Staunässe am Fuß des Baus vermeiden, für eine schnelle Entwässerung durch entsprechenden Bodenbelag (Kies) und/oder Gefälle weg vom Bau sorgen.
- Grenzabstand zum Nachbarn berücksichtigen.
- Nur auf gewachsenem Boden aufstellen, nicht auf Boden, der frisch hinterfüllt ist.

### Tips zur Ausführung

- Bei Bausätzen vor Montage prüfen, ob Fundamente notwendig sind; wenn ja, in welcher Art und welchen Ausmaßen. Anleitungen stets befolgen.
- Bei eigenem Bau Teile soweit wie möglich in der Werkstatt vorfertigen, Probemontage vornehmen.
- Holzteile soweit wie möglich vor direktem Bodenkontakt schützen.

◁ ▽ Im Kontrast zu Zäunen und Spalierwänden, wo enge Maschenabstände vorkommen, sind Gartenbauten mit breiteren Maschen auszuführen. Zum einen ist es luftig, zum anderen sind die größeren Latten dauerhafter. Schloß Rammenau, Sachsen.

Bauten am Wasser wirken am besten, wenn sie an die Bootshausarchitektur angelehnt sind. ▽

Kombinationen von Werkstoffen sind vielfach anzutreffen. Diese Gartenlaube mit gewölbtem Dach ist entweder freistehend oder an eine hohe Gartenmauer zu bauen. Das Metallrahmendach schwebt über den Holzgitterwänden. Axonometrie.

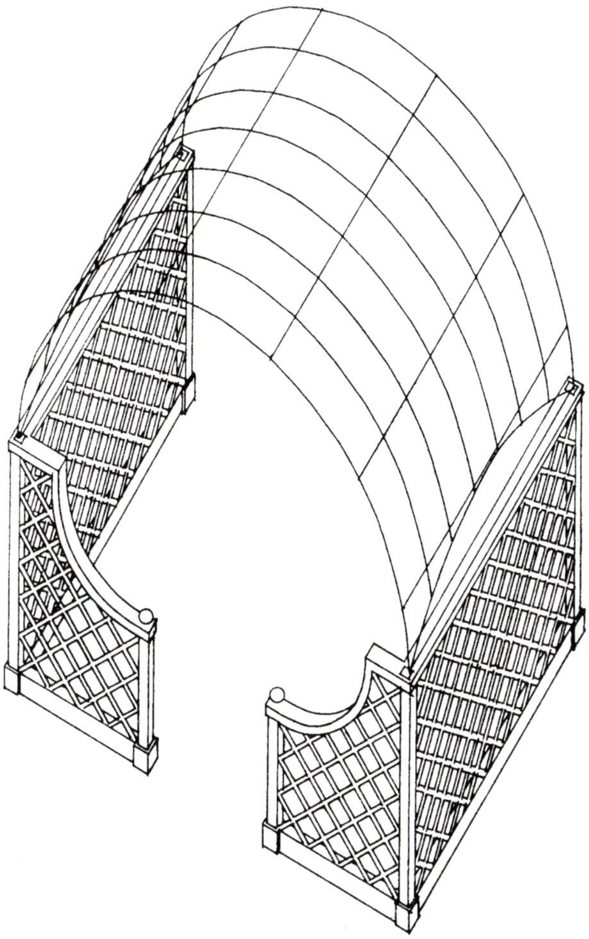

## Konstruktionsprinzipien

Offene Bauten sind einfacher herzustellen als die geschlossenen Gartenbauten. In der Regel besitzen diese keinen eingebauten Boden, und es sind nur die Stützen zu setzen, der Dachstuhl und die Dachdeckung auszuführen. Als Dachform ist entsprechend zum Grundriß für quadratische, runde, sechseckige oder achteckige Formen ein Zeltdach, für rechteckige Bauten ein Satteldach oder Walmdach zu wählen.

Neben ihrem Grundtyp unterscheiden sich geschlossene Bauten nach ihrer Bauweise. Zusätzlich zu den traditionellen Bautechniken werden vielfach innovative, zeit- und materialsparende Baumethoden bei der Ausführung von Gartenbauten eingesetzt:

- Unter den traditionellen Konstruktionsformen werden der Block- und der Fachwerkbau eher für solide und rustikale Bauten eingesetzt.
- Der Skelettbau ist auf dem Stützenraster aufgebaut. Er nutzt die Tragfähigkeit des Holzes und ist gut geeignet für offene Bauwerke.
- Der Tafelbau, bei dem vor Ort vorgefertigte Wandtafeln nebeneinander auf eine fachgerecht ausgeführte Bodenplatte montiert werden, wird häufig für Fertigbauten, vor allem für Gartenhäuser in Kleingartenanlagen, praktiziert.
- Eng verwandt mit dem Tafelbau ist der Rahmenbau. Hier wird zunächst der Rahmen gebaut, und die Füllung erst vor Ort ausgeführt.

Was an dieser Stelle nur zusammenfassend aufgeführt werden kann, ist in der jeweiligen Fachliteratur hervorragend behandelt. Bevor mit dem Bau begonnen wird, muß klar sein, welche Arten von Gartenbauten in welcher Größe gewünscht sind. Zu prüfen ist auch, ob nach Zusammenstellung aller Kosten für Material und Werkzeug und in Hinblick auf den geschätzten Zeitaufwand von der Planung bis zur Ausführung es sich rechnet, den Bau in eigener Leistung zu erstellen.

Dieses Sommerhaus nach einem Entwurf des englischen Landschaftsgestalters Humphrey Repton ist absichtlich einfach gehalten, aber solide im Bau.

## BAUANLEITUNG – SPIELHÜTTE

Die abgebildete Spielhütte wurde von Lehrlingen im Rahmen der überbetrieblichen Ausbildung zum Zimmerer ausgeführt. Rahmen und Dachstuhl der Spielhütte werden in einer Werkstätte gebaut, probeweise zusammengebaut, abmontiert und am Einsatzort aufgestellt. Spezielle, maßgefertigte Teile, wie die Giebelleisten, können nur in der Werkstatt ausgeführt werden.

### Fertige Maße

Gesamthöhe: ca. 2,5 m
Höhe vom Boden: ca. 60 cm
Höhe der Wandverkleidung: ca. 60–70 cm
Länge: ca. 2,50 m, mit Dachüberstand
Breite: ca. 1,50 m, mit Dachüberstand.

### Holzart

Fichte, für die Holznägel Eiche.
Für eine dauerhaftere, aber teurere Lösung kann Lärchenholz verwendet werden. Es ist auch möglich, Fichtenholz für den Rahmen und Lärche für die Dachschalung zu verwenden. Nach Möglichkeit nur kernfreie Hölzer verwenden, um Rissebildung weitgehend zu vermeiden.

### Holzliste

*Rahmen*
Pfetten, 2 Kanthölzer 8 x 8 cm (Rohmaß), 2,05 m lang
Stützen, 6 Kanthölzer 8 x 8 cm (Rohmaß), 1,80 m lang
Bodenträger, 2 Kanthölzer 6 x 12 cm (Rohmaß), 2 m lang
*Boden*
Schalbretter, 2 m²; Länge 1 m, Breite 2 m; ca. 19 mm dick, gehobelt und gefast
*Verkleidung der Wände*
Schalbretter, 3 m², ca. 19 mm dick, gehobelt und gefast, auch Schmalware geeignet
*Sparren*
Kanthölzer, ca. 5 x 11 cm, gehobelt (aus 6 x 12)
6 Stück, jeweils 1,05 m lang geschnitten aus 3 Kanthölzern von 2 m Länge, die mittig schräg geteilt werden.
*Dachverkleidung*
Schalbretter, 5,5 m²; Länge 2,50 m, Breite 2,20 m; ca. 19 mm dick, gehobelt und gefast, Breite ca. 12 cm
*Sonderteile*
Giebelleiste aus 6 x 6 cm, Länge vor Ort messen (ca. 4 x 1,10 m)
Firstleiste aus 6 x 6 cm, 2,50 m lang
Stabdübel Eiche, ø ca. 10 mm
(Buchenstäbe ø 10 mm sind als Meterware im Handel erhältlich.)
*Metallverbindungsteile*
Nägel, 60 mm lang, verzinkt
Holzschrauben für Längsträger (Bodenträger) und Dachsparren, ø ca. 6 x 100–120 mm
Aufgrund der Witterungseinflüsse im Freien empfiehlt es sich, alle Nagel- und Schraubenverbindungen besonders sorgfältig auszuführen, d. h. beispielsweise Schrauben, Vorbohren und Senken nicht tiefer als oberflächenbündig einschrauben.

### Verbindungen

Rahmen: durchgehender Zapfen, mit Holznagel befestigt
Längsträger, Bodenträger: Einplatten, ca. 1 cm Einplattiefe
Sparren: Halbecküberblattet, Klauen
Dach: Stülpschalung.

### Arbeitskräfte

1 Person, 4 kräftige Personen zum Installieren vor Ort.

## ARBEITSABLAUF

Maßgerechte Zeichnung des gewünschten Baus fertigen. Holzliste erstellen und Material besorgen.

**1.** Längsrahmen erstellen: Holz in entsprechende Längen zuschneiden. Zapfenlöcher in der Pfette einmessen und ausstemmen. Zapfen an den drei Stützenhölzern passend vorbereiten. Lage des unteren Längsträgers einmessen, Schnittstellen der Einplatten-Verbindung aufreißen und ausschneiden. Rahmenhölzer am Boden liegend verbinden, zuerst die Pfettenhölzer, anschließend die Längsträger.

**2.** Zur weiteren Befestigung der Zapfen ein Loch mit 10 mm Durchmesser vorbohren und einen 10-mm-Eichen-Holznagel einschlagen.

**3.** Bodenträger mit zwei ca. 6 x 100-mm-Nagelschrauben an den Stützen befestigen. Vorgang für den zweiten Rahmen wiederholen.

**4.** Spielhausboden ausführen: Der Holzboden verbindet die beiden Längsrahmen. Erstes Brett vorbereiten, Aussparung an beiden Enden aufreißen und sauber ausschneiden. Abstand der Rahmen messen. Mit Hilfe von Zwingen das erste Bodenbrett einsetzen und befestigen. Abstand wie auch Winkel und waagrechte Lage prüfen, anschließend das Bodenbrett an zwei Stellen mit Holzschrauben oder verzinkten Nägeln befestigen. Querleisten an beiden Enden anbringen. Der Rahmen ist jetzt stabil. Bodenbretter nacheinander fachgerecht anbringen, dabei Aussparungen berücksichtigen.

1 △ 2 ▽ 3 △ 4 ▽

5 △

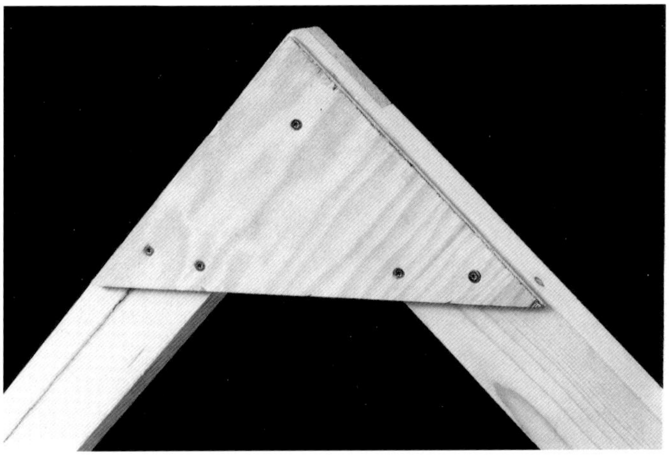

6 △

7 △

**5.** Dachstuhl ausführen: Eckverbindung (halbecküberblattet) der Sparren anreißen und ausschneiden. Winkel 45°. Provisorisch mit Zwingen zusammenmontieren. Berührungspunkte der Sparren an der Pfette markieren, Klaue auf den Sparren aufreißen und ausführen. Teile fest montieren. Dachsparren montieren, Schraubenloch vorbohren und eine Schraube (ca. 6 x 120 mm, evtl. mit Unterlegscheiben) anbringen. Vorgang am anderen Ende wiederholen.

**6.** Nach Bedarf den First mit Mehrschichtplatte verstärken.

**7.** Wandverbretterung ausführen: Verblendung an drei Seiten 60–70 cm über der Bodenebene anbringen. Schmale Seite offen lassen. Latten in regelmäßigen Abständen mit jeweils zwei Schrauben (alternativ nageln) an jedem Ende befestigen, Fugenbreite ca. Blattdicke Meterstab. (Waagrechte Bretter so verteilen, daß versetzte Fugen entstehen.) Hirnholz nie knirsch setzen, sondern immer mit Abstand. Dies ist auch besser, wenn es gestrichen wird.

**8.** Brettkanten an den Enden brechen. An der Innenseite sind diagonale Strebenbretter aufzuschrauben.

8 △

9. Dachdeckung ausführen: Von unten beginnend erste Bretter der Stülpschalung mit darunterliegendem Keil anbringen. Brett für Brett mit 2 cm Überlappung festnageln.

10. Blick in die Dachuntersicht.

11. Paßgenaues Abschlußbrett montieren.

9 △

10 △

11 △

**12.** u. **13.** Holz der Giebelleiste messen, anreißen, zuschneiden und anbringen.

12 △

Durch das Gewicht der Konstruktion ist die Spielhütte stabil und muß nicht unbedingt zur Standsicherheit auf Fundamente gesetzt und verankert werden. Voraussetzung ist allerdings, daß der Bodenbelag zum schnellen Ableiten von Oberflächenwasser und zur Vermeidung von Staunässe sickerfähig ist.

- In öffentlichen oder halböffentlichen Anlagen ist dieses erhöhte Spielhaus in einen gut federnden Bodenbelag, wie Rindenmulch oder Sand, zu stellen; keinesfalls auf Pflaster setzen. Man kann die Stützen auch halb im Sandkasten eingraben, so daß das Spielhaus nunmehr um ca. 10 cm erhöht ist.

**Fertiges Spielhaus im Garten.** Die Ausführungsprinzipien dieses Bauwerks können – sofern sie dem jeweiligen Standort angepaßt werden – sowohl für ein Baumhaus als auch für ein Gartenhäuschen übertragen werden. Hierbei ist zu beachten, daß

- die entsprechenden Holzquerschnitte verwendet werden,
- beim Bau von Baumhäusern die Sicherheitsvorkehrungen berücksichtigt werden,
- bodenebene Bauten eine Stufenhöhe über dem Boden liegen.

13 △

Das fertige Spielhaus im Garten.

## Bauten für Haustiere und Kleinvieh – Hundehütten

Über die Jahre sind die zweckmäßigen Behausungen für Haustiere und Kleinvieh zu einem Element der Gartengestaltung geworden. Sogar ein gewisses Ansehen ist durch ein Entenhaus oder den Hühnerstall im eigenen Garten gewonnen. Sicher vor eindringenden Füchsen und Dachsen stehen solche verfeinerte Versionen der gewöhnlichen Unterkünfte stolz im Garten.
Neben diesen eher »exotischen« Bauten stehen die traditionellen Taubenschläge und Hundehütten. Kein Bauernhaus oder Landgut war ohne seinen eigenen Taubenschlag, bis zu zwölf Tauben und manchmal mehr wurden in diesen kleinen Häusern auf Stützen untergebracht. Heute ist die Vogelhaltung zurückgegangen, nur die Strukturen bleiben als Erinnerung und sind zum Ornament im Garten geworden.

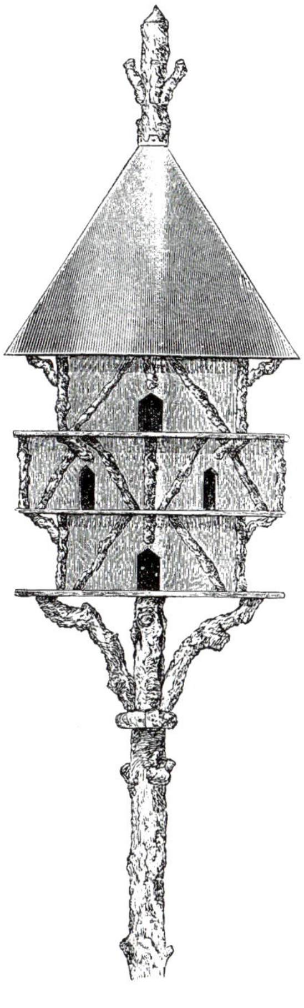

Fast alle Taubenschläge sind, wie kleine Bauten, auf eine Stütze gestellt. Sie sind in allen Stilrichtungen anzutreffen von rustikal bis ausgefeilt (rechts unten). Nordamerikanische Beispiele (Mitte) sind besonders eindrucksvoll, aber auch bäuerliche Taubenschläge (oben) haben Charme.

Als Ersatz für natürliche Nistplätze haben sich Bau und Aufstellung von Nistkästen in Stadtgärten verbreitet. Im Gegensatz zu den Futtertischen, die allen Vogelarten dienen, müssen die Nistkästen so gebaut werden, daß sie den Bedürfnissen und dem Verhalten der jeweiligen Vogelart entsprechen. Diese Vogelhäuser berücksichtigen in ihrer Größe, Form und durch den Standort annähernd die natürliche Situation. Im allgemeinen sind die Häuser windgeschützt aufzustellen, die Fluglöcher nach Südosten oder Osten gerichtet. Zu diesem Thema bietet unter anderem der Landesverband für Vogelschutz in Bayern e.V. umfassende Informationen, wie auch Bauanleitungen für einige Typen.

Der Bedarf an Hundehütten ist nach wie vor groß. Der Bau muß aber nicht versteckt in einer Ecke stehen. Wichtig ist, daß die Hütte den Bedürfnissen des Hundes angepaßt ist. Die Beispiele dieser Seiten belegen, welch schöne und praktische Hütten man selbst erstellen kann.

Bei der Entscheidung für den bestimmten Typus einer Hundehütte spielen wesentlich mehr Gesichtspunkte mit als nur die optische Erscheinung. Es wird empfohlen, sich vor Baubeginn oder Kauf über die notwendigen Eigenschaften wie die Größe der Hütte in den vielen praxisbezogenen Ratgebern zur Tierhaltung zu informieren. In erster Linie ist die Größe des Hundes maßgebend.

Die zwei nachfolgend beschriebenen Hundehütten sind für große und mittelgroße Hunde gedacht. Die Hütten können nach Bedarf verkleinert werden. Beide Hütten sind jederzeit wieder zerlegbar.

Beim Bau aller Hüttentypen ist auf folgendes zu achten:

- Neutrale Holzarten ohne besonderen Geruch auswählen. Nehmen Sie Abstand von Imprägnierungen aller Art, da sie unter Umständen gesundheitsschädlich für den Hund sein können.
- Einfache, solide, zweckmäßige Bauweise, entsprechend den Grundbedürfnissen jedes Hundes und keine gut gemeinten Komfortansprüche.
- Die Hütte keinesfalls mit Mineralwolle o. ä. dämmen, denn diese Wärmeschicht zieht Ungeziefer an. Die klassische Bettung mit Heu oder Stroh, regelmäßig ausgewechselt, ist vorzuziehen.
- Deckleistenschalung sorgt für eine gute Winddichte und hat den Vorteil, daß unterschiedlich breite Bretter verwendet werden können.

**Hühnerstall im Garten, beweglich und außer Reichweite für Füchse.**

**Erst wenn Nistkästen nebeneinander aufgestellt werden, wird klar, wie unterschiedlich die Bedürfnisse der verschiedenen Vogelarten sind.**

## BAUANLEITUNG – PULTDACH-HUNDEHÜTTE

Diese Hundehütte ist geeignet für größere Hunde wie beispielsweise Schäferhunde, die sich gerne auf das Dach der Hütte legen.

**Die Länge richtet sich nach der Größe des Tieres mit ausgestreckten Beinen, die Höhe ist von der Schulterhöhe des Hundes abhängig.**

Die abgebildete Hundehütte wurde von Lehrlingen im Rahmen der überbetrieblichen Ausbildung zum Zimmerer ausgeführt.

### Holzart

Fichte

### Fertige Maße

Höhe vorne: 80–90 cm
Höhe hinten: 70–80 cm
Breite: 105 cm
Länge: 135 cm

### Holzliste

*Rahmen*
4 x 4 cm bis 5 x 6 cm-Leisten, gehobelt
6 Stück, 135 cm lang
4 Stück, 105 cm lang
2 Stück, 80 cm lang
2 Stück, 65 cm lang
*Bodenplatte*
Schalbretter, 18–24 mm oder billiges Sperrholz, 135 x 105 cm. Alternativ Nut-und-Feder-Schalung mit zusätzlicher Aussteifung.
*Verkleidung*
Deckleistenschalung: 18–24 mm
oder Nut-und-Feder, 14–19 mm, ca. 4 $m^2$ Glattkantbretter
*Dachschalung:* 1,5 $m^2$ Glattkantbretter
Leisten 2 x 3 cm, ca. 25 lfd. m.

### Verbindungen

- Halbecküberblattet
- Stahlwinkel
- Verbretterung Deckleisten, alternativ Nut-und-Feder.

## ARBEITSABLAUF

**1.** Rahmenhölzer zuschneiden und Eckverbindungen (halbecküberblattet) ausführen. Mit Hilfe von Zwingen montieren.

1 △

2 △

4 △

3 △

5 △

**2.** Rahmenhölzer mit Querstücken, befestigt durch Winkel, zu einem Kubus verbinden.

**3.** Seitliche Verbretterung an drei Seiten ausführen. Deckleisten in regelmäßigen Abständen über die Bretterfugen vernageln.

**4.** Überstehende Verkleidung mit einer Handsäge oder einer Handkreissäge abschneiden.

**5.** Mehrschicht-Bodenplatte paßgenau zuschneiden, von vorne schräg in die Hütte einschieben und befestigen. Alternativ zu einer Bodenplatte können Nut- und-Feder-Bretter eingebaut werden.

Bretter vorne annageln, aber keine Leisten anbringen. Öffnung aufreißen und wie bei der Satteldachhütte (s. Seite 74) ausschneiden; anschließend die Kanten brechen.

**6.** und **7.** Dachschalung ausführen. Bretter Stoß an Stoß annageln. Mit Dachpappe beziehen. Zur besseren Bedienung kann die Dachschalung auch als Dachplatte auf einen passenden Rahmen gebaut und mit Scharnieren befestigt werden. Das aufklappbare Dach erleichtert das Ausmisten und die Versorgung von Jungtieren.

### Tips zur Ausführung

- Bessere Bretter ohne Risse und Äste für das Dach aufheben.
- Neigung des Pultdachs so gestalten, daß das Wasser gut abfließt und daß die Schräge noch bequem für den Hund zum Liegen ist.

6 △

7 △

# BAUANLEITUNG – HUNDEHÜTTE MIT SATTELDACH FÜR MITTELGROSSE HUNDE

**Holz**
Fichte

**Fertige Maße**
Gesamthöhe: ca. 115 cm, je nach Schulterhöhe des Hundes
Breite: 73 cm
Länge: 105 cm
Dachüberstand: 20 cm

**Holzliste**
*Rahmen:* 5 x 5-cm-Leisten, gehobelt, oder 6 x 6 cm roh
4 Stück, 45 cm lang
4 Stück, 75 cm lang
4 Stück, 105 cm lang
*Dachstuhl*
5 x 5-cm-Leisten, gehobelt, oder 6 x 6 cm roh
4 Stück, 80 cm lang
*Bodenplatte*
75 x 100 cm, 19 mm dick
alternativ Nut-und-Feder-Schalung mit zusätzlicher Aussteifung
*Verbretterung*
3 $m^2$ Schalbretter
Leisten 3 x 2 cm, ca. 20 lfd. m
*Dachdeckung*
14 Bretter, 20 mm dick, ca. 12 cm breit, 150 cm lang
Bei Stülpschalung für das Dach zusätzlich 4 Keile, 20 mm hoch und 110 mm lang
Giebelleiste 6 x 6 cm, Länge vor Ort messen.

**Verbindungen**
Sparrenpaar: Halbecküberblattung
Rahmen und Sparren: Klauen, auch Kerbe (Kerve) genannt
Rahmenteile: Stahlwinkel
Verbretterung: Deckleisten, alternativ Nut-und-Feder
Dach: Stülpschalung oder genagelte Dachschalung mit Dachpappe- oder in Luxusausführung, mit Dachpappe-Schindeln bedeckt.

## ARBEITSABLAUF

**1.** und **2.** Rahmenhölzer zuschneiden und Eckverbindungen (halbecküberblattet) ausführen. Mit Hilfe von Zwingen montieren und mit Querstücken befestigt durch Winkel zu einem Kubus verbinden.
Deckleisten-Verbretterung an den zwei Längsseiten ausführen, überstehende Hölzer mit der Handsäge abschneiden.
Mehrschichtholz-Bodenplatte, paßgenau zugeschnitten, einschieben und befestigen.
Sparren für den Dachstuhl, halbecküberblattet, ausschneiden. Klaue einmessen, aufreißen und ausschneiden. Teile montieren und vernageln. Sparrenpaar mit der Pfette verbinden.

**3.** und **4.** Rückwärtige Giebelseite verbrettern, überstehende Bretter entsprechend der Form des Giebels mit der Handsäge abschneiden.

1 △

2 △

3 △

4 △

5 △

6 △

7 △

8 △

**5.** Vordere Giebelseite nur Stoß an Stoß verbrettern. Mit selbstgebautem Zirkel im gewünschten Radius Halbbogen anreißen, anschließend restliche Form zeichnen.
Bei der Verteilung der Bretter auf Vorder- und Rückseite ist darauf zu achten, daß diese gleich breit und mittig angebracht sind. Der senkrechte Schnitt muß mittig in einem Brett liegen, um die Stabilität nicht zu gefährden.

**6.** An einem Punkt entlang der Linien ein Loch bohren.

**7.** Mit einer Stichsäge die vorgezeichneten Öffnungen ausschneiden. Gebrochene Kanten mit Schmirgelpapier, Raspel usw. abrunden.

**8.** bis **10.** Dachschalung ausführen. Von unten nach oben die Bretter Stoß an Stoß an den Sparren befestigen. Anschließend Holz der Giebelleiste messen, anreißen, passend zuschneiden und anbringen (s. auch Seite 66).

**Tips zur Ausführung**

- Für selbstgebaute Zirkel zunächst die Kreismitte vorzeichnen, eine Leiste von entsprechender Länge zur Hand nehmen und den Radius bis zu einem Ende ausmessen. Einen Nagel in Kreismitte schlagen. Die Leiste drehen und den Radius anzeichnen (s. Abb. 5).
- Bei größeren Satteldachhütten muß die Firstüberblattung mit Mehrschichtplatten ausgesteift werden (s. hierzu Detail Spielhaus, Seite 64).
- Zum Schutz der Seiten immer das Dach mit reichlichem Überstand (proportional zur Gesamtgröße) bauen.

9 △

10 ▽

# GRÜNER HOLZBAU

Schmale 180 cm lange Ruhebank ohne Lehne, aus gespaltenen Eßkastanienhölzern, in starke Stützen verzapft.

Grüne Holzarbeit ist ein Überbegriff für das Arbeiten des Holzes direkt vom Stamm oder Ast. Nicht nur grünes, frisch gefälltes Holz mit einem natürlich hohen Feuchtigkeitsgehalt, sondern auch dünne Äste und Ruten, die grün gesammelt und anschließend getrocknet werden, bevor sie verarbeitet werden, sind gemeint. Sowohl Flechtwerk (s. Seite 78) als auch Naturholzarbeit (s. Seite 95) sind in ihrem Umgang mit Holz eng verwandt mit grünem Holzbau.
Die Impulse und Beispiele dieser Arbeitsmethode kommen aus Nordamerika und England, wo inzwischen hervorragende Arbeit auf diesem Gebiet geleistet wird. Das Arbeiten mit grünem Holz ist nichts Neues, sondern eine althergebrachte Arbeitsmethode mit jahrhundertelanger Tradition in den Alpenländern und Norwegen. Hier wurden die Vorteile von grünem Holz für bestimmte Zwecke, wie den Blockhausbau, die Fertigung von Stühlen und Feldzäunen sowie das Schäfflerhandwerk genutzt. In Ländern wie Deutschland mit einer starken Handwerkstradition werden diese Techniken nach wie vor gepflegt. Sie gelten teilweise als so selbstverständlich, daß sie kaum besondere Aufmerksamkeit erwecken. Es entsteht eine enge Beziehung zwischen dem Handwerker und seinem Material, dem Holz, was aber Kenntnis der Eigenschaften von Holz und der traditionellen Handwerkstechnik voraussetzt. Einfach mit der letzten, d. h. der Bearbeitungsphase zu beginnen, schließt die Spannung und das wachsende Gefühl für das Material, das in den vorhergehenden Schritten beim Pflegen, Aussuchen, Fällen und Sägen entstand, gänzlich aus. Auch wenn die gleiche Holzart und identische Arbeitsmethoden für dasselbe Objekt verwendet werden, ist jedes noch so bescheidene Endprodukt ein Unikat.

Kernpunkte dieser Holztechnik sind:

- Die Beziehung zum Holz fängt am Baum an. Bereits am Stamm, der Kronenbildung und dem Blattwerk ist ersichtlich, ob ein Baum gesund oder krank ist.
Gesucht wird ein gerader Stammverlauf, frei von Insekten- oder Pilzbefall und verdeckten Astansätzen, mit gesundem Laub und gleichmäßiger Kronenbildung.
- Bearbeitung des Holzes ab dem Zeitpunkt der Fällung unter Verwendung von einfachem Werkzeug. Statt zu sägen, wird das Holz mit der Axt und dem Beil gespalten.
- Berücksichtigung der natürlichen Eigenschaften von Holz. Das Holz ist stärker und nimmt weniger Feuchtigkeit auf, da es im Faserverlauf nicht gegen die Fasern gespalten wird. Der Zeitpunkt und das Ausmaß des Quellens und Schwindens werden beim Arbeiten zum Vorteil genutzt.
- Grünes Holz ist weicher, biegsamer und einfacher zu bearbeiten, darüber hinaus aber auch schwerer, da der Wasseranteil zum Gesamtgewicht zählt.
- Grünes Holz erzeugt wenig Restholz und ist daher wirtschaftlicher.
- Zum Einsatz kommen einfachstes Werkzeug, zusammen mit traditionellen Verbindungstechniken, wie beispielsweise Flechten und zimmermannsmäßige Verbindungen. Im Gegensatz zur üblichen Holzarbeit wird kaum Staub erzeugt, lediglich Holzspäne fallen an.
- Die Arbeit ist zeitaufwendig, für den Heimwerker bereitet sie aber wenig Probleme. Der Handwerker, der dagegen von seiner Arbeit leben muß, ist gezwungen, seine Produkte mit entsprechend hohen Preisen zu versehen. Für Menschen, die dauerhafte, qualitätvolle Handarbeit zu schätzen wissen, ist der Stellenwert dieser Produkte eindeutig. Der Laie dagegen, der von perfekten Industrieprodukten verwöhnt ist, kann oftmals den Wert von Gegenständen, die Spuren der Verarbeitung zeigen, nicht erkennen.

Beim Aussuchen für Holz für grünen Holzbau wird jedes Stück einzeln begutachtet.

Im Feld und Garten werden mit dieser Technik hauptsächlich Zäune, Tore und Sitzbänke gebaut. Die hergestellten Gegenstände halten ebenso lange, wie neues Material braucht, um nachzuwachsen. Auf diese Weise entsteht ein natürlicher Kreislauf, in dem alles aufeinander abgestimmt ist.

Es ist keinesfalls absurd, sich im eigenen Garten einen Holzvorrat zu halten. Durch eine vernünftige Auswahl von Sträuchern und kleinen Bäumen, wie Hasel, Weide, Esche oder auch Hainbuche kann wenigstens der Bedarf an Pflanzstützen gedeckt und in ländlichen Gegenden das Material für den Zaunbau gewonnen werden.

Dieser Stuhl, gefertigt aus frisch geschnittenen Weidenruten, macht sich für die Ausführung der Kopf- und Armlehnen wie auch die Sitzfläche die Biegsamkeit vom grünen Holz zunutze (siehe hierzu S. 103).

Kleiner Erlenholztisch, bestehend aus einer Tischplatte aus 4 Brettern und 4 Tischbeinen, die mit durchgehenden Zapfen an den Platten verbunden sind. Die Spuren der Bearbeitung gehören zum Möbelstück. Die markante Farbe ist typisch für Erlenholz, das Luft und Licht ausgesetzt ist.

# FLECHTWERK IM GARTEN

Trotz seines frühen Ursprungs und seiner engen Verbindung zu Gärten und dem Gärtner ist Flechtwerk heute viel zuwenig verbreitet. Aber dort, wo die geflochtenen Zäune, Gerüste, Lauben oder geflochtenes Gartenmobiliar anzutreffen sind, verwandeln sie einen unbedeutenden Fleck in etwas Besonderes. Ob im Einklang mit den naturnahen Gärten oder im Kontrast zu den präzisen Konturen des minimalistischen Gartenstils, können geflochtene Gegenstände einen wertvollen Beitrag leisten. Ist denn eine Renaissance von Flechtarbeit im Garten zu erwarten? Wenn der zeitgenössische Gartenstil maßgebend ist, sind Flechtwerk und Naturholzarbeit im Vormarsch.

Oberfranken in Deutschland und Somerset in England sind Hochburgen des Flechtens. Hier warten zahlreiche Beispiele und Anregungen auf einen Einsatz im Garten, auf den aufgeschlossenen Gartenbesitzer. Obwohl viele nur eine Neuinterpretation bekannter Gebrauchsgegenstände für Feld und Garten sind, ist jedes für sich eine individuelle handwerkliche Leistung. Von Pflanzgerüsten und Zaunelementen bis hin zu Lauben – die Spannweite ist enorm.

Oft wird Flechtwerk mit Naturholzarbeiten begrifflich gleichgesetzt, doch bei näherer Betrachtung sind die Unterschiede zwischen den beiden eindeutig. Flechten ist eine Handwerkstechnik, die Wissen und langjährige Praxis voraussetzt. Im Kontrast dazu ist Naturholzarbeit eher eine Stilrichtung. Beide nutzen ähnliches Material, aber während für das Flechten das Material vorbereitet wird, wird es bei der Naturholzarbeit in der ursprünglichen, natürlichen Form verwendet.

## Die Kunst des Flechtens

Die Fähigkeit, einfaches Material durch handwerkliches Können in hervorragende Arbeiten zu verwandeln, demonstriert die Beherrschung und das Verständnis eines Handwerks, das nur ein ausgebildeter und erfahrener Korbflechter besitzt. Um so erfreulicher ist es, daß durch die Neuentdeckung von Flechtarbeit ein alter Handwerksberuf wieder ins Rampenlicht gestellt wird. Flechten ist die einfachste Methode, lange biegsame Teile wie dünne Äste, Ruten oder ähnliches stabil miteinander zu verbinden. Das »Weben von Holz« ist dabei nur eine Verbindungstechnik, Knoten und Wickeln sind weitere. Flechten übt eine magische Anziehungskraft aus, und kaum jemand kann widerstehen, selbst mit Hand anzulegen. Was beim ersten Anblick einfach und selbstverständlich aussieht, täuscht über den eigentlichen Schwierigkeitsgrad hinweg. Wer es selbst einmal ausprobiert hat, weiß die Arbeit des Korbflechters richtig einzuschätzen. Es ist eine harte Arbeit, die Kraft, Ausdauer und Fingerspitzengefühl verlangt und nicht im warmen Stübchen, sondern in kühlen Hallen ausgeführt wird. Der Korbflechter hört nie auf, sein Handwerk zu erlernen, so umfangreich ist das Fachgebiet. Die Kernelemente dieses umfangreichen Wissens in den Gebieten Material, Formen und Flechttechniken werden im Rahmen einer langjährigen Ausbildung vermittelt. Die Möglichkeiten des künstlerischen Ausdrucks auf der Grundlage handwerklicher Techniken sind enorm. Bereits während der Lehre wird die eigene Handschrift, spezifisch für jeden Korbflechter, entwickelt. Jedes Objekt ist ein Unikat. Dabei ist erstaunlich wenig Werkzeug nötig, die Hand ist das wichtigste.

Gegenstände für den Garten, wie Lauben und Pflanzgerüste, fallen im Vergleich zu anderen Korbwaren, z. B. Mobiliar, in die Kategorie grobe Arbeit. Trotzdem sind sie nicht ohne Vorkenntnisse und ohne das Wissen über die Eigenschaften des Materials und ihre Verarbeitung durchführbar. Weiterhin läßt sich Flechtwerk im Garten in zwei Gruppen einteilen:

- das klassische Flechtwerk, ausgeführt mit nichtlebendem Holz,
- das Pflanzen und Flechten mit lebendem Holz. Hier schlagen die Ruten Wurzeln und werden zu lebenden Strukturen, ähnlich Heckenpflanzen – mit selbständigem Wuchs und mit Pflegeanforderungen.

In beiden Fällen ist der Flechtvorgang die letzte Arbeitsphase, für die eine fachgerechte Vorbereitung des Materials Voraussetzung ist. Wer die Prinzipien des Flechtens begreift, fachgerecht vorbereitete Weidenruten erwerben kann und Gefühl für das Material besitzt, kann einfache Gegenstände selbst flechten. Kompliziertere Konstruktionen, wie Lauben und Mobiliar, sollten stets dem erfahrenen Handwerker überlassen werden.

Der eindeutige Nachteil von Flechtwerk im Freien ist (verglichen mit Harthölzern) die beschränkte Lebensdauer. Dies ist aber auch kein Grund, davon abzuraten. Denn fachgerecht ausgeführt, ist die Haltbarkeit dieser Arbeiten in Jahrzehnten und nicht nur in Jahren zu rechnen. Lebendes Flechtwerk erfüllt seinen Zweck noch länger, vorausgesetzt, daß es regelmäßig gepflegt wird.

Das Material ist preisgünstig, schnell zu produzieren und wird vorsortiert geliefert. Die fertigen Produkte zeigen eindeutig ihren handwerklichen Ursprung und fügen sich in eine ländliche Umgebung gut ein. Vor einem überenthusiastischen Einsatz ist jedoch zu warnen. Komplette Flechtgärten wirken überwältigend und museal. Gezielt und zweckmäßig eingesetzt, kommt dagegen jedes Objekt zur Geltung.

Je stärker die Ruten, desto gröber und offener das Flechtwerk. Im Garten kann dies von großem Vorteil sein, da es der Struktur eine gewisse Transparenz gibt. Diese überdachte Sitzbank bietet Geborgenheit und Schutz vor der Sonne.

Kombinationen von lebendem und totem Flechtwerk sind vielfach anzutreffen, wie diese Sitzlaube aus Weide.

## Die Flechtware

Der Flechtvorgang nutzt den Feuchtigkeitsgehalt und die Biegsamkeit des feuchten Holzes aus, das fertige Flechtwerk profitiert von der Stärke und dem Halt des getrockneten Materials. Im Prinzip kann jedes handliche Material geflochten werden. Erforderliche Eigenschaften sind aber Biegsamkeit und durchgehende Stärke; außerdem darf das Material im trockenen Zustand nicht brüchig sein. In der Praxis gibt es zwei Kategorien:

- Vollholz, je nach Dicke und Alter in Ruten, Gerten, Stock und Stab unterschieden
- Späne, d.h. dünne, breite Holzstreifen, die entweder aus Holz geschält und beispielsweise verwendet werden, um Horden und Zaunelemente zu flechten, oder Rinde, geteilt in lange Streifen für Sitzflächen und Verzierungen.

Bei der heimischen Ware steht Weide an erster Stelle. Aus Hunderten von Weidensorten und -arten (lateinisch *Salix*) werden u.a. folgende gängige und erprobte Arten in Weidengärten gezüchtet:

*Salix alba vitellina*
*Salix americana*
*Salix amygdalina triandra*
*Salix caprea*
*Salix dasyclados*
*Salix purpurea*
*Salix triandra* »Black Maul« (nur in England angepflanzt)
*Salix viminalis.*

**Hasel**, *Corylus avellana*, wird als Unterholz kultiviert. Die langen, geraden Ruten sind dauerhafter als Weiden, werden aber nur als Zäune und Stützen für Pflanzgerüste und für Naturholzarbeiten verwendet.

Vereinzelt werden auch andere Hecken- oder Unterholzpflanzen wie **Hartriegel**, *Cornus sp.*, und **Faulbaum**, *Rhamnus frangula*, eingesetzt. **Edelkastanien**, *Castanea silvatica*, wie auch Ahorn liefern gute Spänestreifen zum Flechten.

Von den importierten Waren kommen nur wenige für eine Verwendung im Freien in Frage. Lediglich: Bambus, die Weide des Fernen Ostens, wird in seiner Heimat im Bau, für Alltagsgeräte und im Garten eingesetzt. Hierzulande ist **Bambus** wegen der exotischen Wirkung nur gezielt anzuwenden, am besten im Rahmen des dazugehörigen asiatischen Gartenstils.

**Palmrohr, Rattan** *(Calamus rotang)* ist in verschiedenen Arten und Güteklassen hauptsächlich als Importware aus Asien erhältlich. Rattan ist eine wildwachsende tropische Kletterpalme, die Längen bis 150 m und Stärken bis 100 mm erreicht. Sie braucht Stützpflanzen zum Wachsen und wird alle 10 bis 15 Jahre geerntet. Verwendung u.a. für den Möbelbau und vereinzelt im Garten als Material für Lauben. Nicht dauerhaft im Freien, kann aber als Skelett für ein späteres lebendes Bauwerk dienen (s. Seite 86).

## Im Weidengarten

Die Pflege der Weide von der Pflanzung bis zur Ernte und die anschließende Vorbereitung sind wichtig. Ohne diese sorgfältige Produktion wäre es nicht möglich, Qualitätsware herzustellen. Obgleich viele Korbflechter ihre eigenen Weidenbeete kultivieren, ist der Weidenzüchter ein eigenständiger Beruf. Das Anlegen eines Weidenbeetes erfolgt von Ort zu Ort leicht unterschiedlich, angepaßt an die jeweiligen klimatischen Bedingungen. Im Frühjahr werden die Stecklinge von 15 bis 25 cm Länge im vorbereiteten Weidenbeet mit der Knospe nach oben in Abständen von etwa 30 cm gepflanzt. In Somerset, England, grasen in einer interessanten Symbiose zwischen Pflanze und Vieh Kühe über das frisch gepflanzte Feld, wobei nicht nur das Unkraut, sondern auch der frische Austrieb gefressen wird. Erst nach dem letzten Frost, in Somerset nach dem 24. Mai, dürfen die Weiden ausschlagen.

Im ersten Jahr schlägt der Steckling Wurzeln und wächst etwa 40 cm. Während in Oberfranken die Weide immer in der Saftruhe im Herbst geschnitten wird, um das Wachstum von Ruten für das darauffolgende Jahr zu fördern, erfolgt die Schnitteinteilung in Somerset etwas anders. Hier wachsen die Weiden im zweiten Jahr zu faustgroßen, geraden Stöcken, die zwar für Horden und Korbkanten geeignet sind, nicht aber für feine Flechtarbeit. Im dritten Jahr wird die Weide geköpft, und die langen, geraden Ruten können im vierten Jahr geerntet werden. Die Weiden ergeben Flechtmaterial für 35 bis 40 Jahre. Im November, wenn das Laub gefallen ist, werden sie maschinell geschnitten, in großen, offenen Boxen in die Halle transportiert und in Bündeln sortiert. Jedes Bündel wird nach Größen von etwa 2 m, 2,30 m, 2,60 m, 3 m sortiert, Ware unter 60 cm wird ausgeschieden. Dann wird das Material in gleichstarke Bündel gefaßt und mit einer langen, verknoteten Rute zusammengehalten.

Um die Rinde aufzuweichen und die Weiden auf natürliche Art zu färben, werden die Ruten in einem Metallbottich gekocht.

- 10 Stunden für braune, rostfarbene Weidenruten, gefärbt durch die natürlich vorhandene Gerbsäure
- 1 1/2 Stunden in einem Bottich mit frischem Wasser für helle Weiden; das ist lang genug, um die Rinde zu lösen, aber zu wenig, um das Holz dunkel zu färben. Eine andere Methode, helles, weißes Flechtmaterial zu erzeugen, besteht darin, die Weiden Anfang April in 10 bis 15 cm tiefes Wasser zu setzen, treiben zu lassen und Mitte bis Ende Mai zu schälen.

Anschließend werden die Ruten geschält, was früher von Frauen per Hand in Heimarbeit geleistet wurde, heutzutage aber mit speziellen Schälmaschinen erfolgt. Nach diesem Vorgang werden die Ruten getrocknet. Je nach Witterung lehnen die Ruten 1 1/2 bis 2 Tage bei Sonnenschein »an der Leine« zum Trocknen. Anschließend werden sie gebündelt und mindestens 1 Jahr lang gelagert. Die Trockenkammer wird in vielen Betrie-

Weidenruten von links nach rechts: unbehandelt mit Rinde; behandelt, aber nicht geschält; geschält, natürlich verfärbt und weiße Flechtweide.

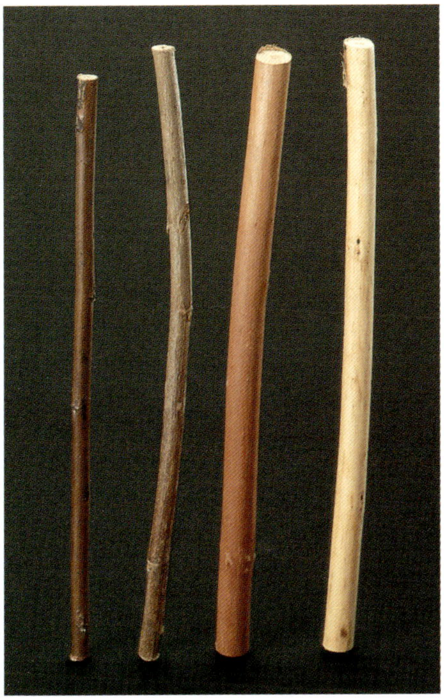

ben nur im Notfall eingesetzt, da ein natürlicher, langsamer Trockenvorgang vorteilhafter ist.

Bevor die Ruten vom Korbflechter bearbeitet werden, müssen sie wieder gewässert werden. Dies erfolgt am Abend vorher. Wie lange die Ware eingeweicht wird, hängt von der Farbe der Ruten und ihren Längen ab. Nach Ablauf der angemessenen Zeit werden die nassen Ruten mit Säcken abgedeckt und auf den zugluftfreien Werkstattboden gelegt, so daß sie nicht triefnaß sind, wenn der Flechtvorgang beginnt. Am nächsten Tag sind sie feucht, kühl und süß-riechend, keinesfalls naß und glitschig. Nur soviel Material, wie an einem Tag bearbeitet werden kann, ist vorzubereiten. Zuerst aber wird die ordentlich gestapelte Ware vom Vortag bearbeitet. Das Geheimnis im Umgang mit Weidenruten ist, die Ware nicht warm werden zu lassen, um Pilzbefall zu vermeiden.

Bündel von Weiden stehen in der Werkstatt, bevor sie zum Korbflechten verwendet werden.

## Flechtarten

Unter den vielen Flechtarten sind nur wenige einfache Prinzipien für den Einsatz im Freien geeignet:

**Zäunegeflecht** über 1 unter 1. Ein dichtes Geflecht, geeignet für lebendes und nichtlebendes Flechtwerk.

**Diagonales Siebgeflecht** (Jägerzaun) über 1 unter 1. Für lebendes Flechtwerk geeignet. Ein lockeres Geflecht, in dem die Ruten sich in Rautenform kreuzen. Sie werden in der gewünschten Höhe des Zaunes am Kreuzungspunkt mit Schienen oder dünnen Weiden gebunden (s. Abb. Seite 82 unten).

**Siebgeflecht** über 1 unter 1. Die äußeren Lagen des Quadrates werden gebunden. Geeignet für Kletterkuppeln.

**Sechseckgeflecht** über 1 unter 1 in drei Richtungen. Die äußeren Lagen des Sechsecks werden gebunden. Geeignet für Kletterkuppeln (s. Seite 86).

Das einfachste Geflecht von eins über, eins unter wird für viele Flechtarbeiten im Freien eingesetzt.

Hoher Flechtzaun als dichter Sichtschutz. Diese Zäune sind in vielen verschiedenen Flechtarten anzutreffen.

## Flechtzäune

Entwickelt aus dem mittelalterlichen Hag, einer Art Feldhecke, in der die Äste ineinandergeflochten waren, war das Zaungeflecht als Einfriedung um Bauerngärten weitverbreitet. Allerdings war der an Ort und Stelle aus frisch geschnittenen, oft ungeschälten Weiden- oder Haselruten oder auch Holzspänen geflochtene Zaun von beschränkter Stabilität und Lebensdauer. Jede Region hatte ihr eigenes Flechtmuster – von dicht bis luftig und sogar Fischgrätmuster. Der Wunsch nach einer stabileren, dauerhaften und weniger rustikalen Einfriedung signalisierte den Niedergang des Flechtzauns. Bis vor wenigen Jahren waren Beispiele ausschließlich in Freiluftmuseen anzutreffen und auf alten Stichen festgehalten. Heute werden diese Zäune als Begrenzung in ländlichen oder naturnahen Gärten wieder eingeführt.

Der Einbau von lebenden Flechtzäunen als Hangsicherung in steilen Hanglagen oder an gefährdeten Uferböschungen wurde früh als nutzbringend erkannt. Das Wurzelwerk befestigt den Hang, bringt Schutz vor Erosion, das Laub verdeckt das Flechtwerk und fügt sich gut in die Natur ein. Leider haben sich niedrige Flechtzäune als Stützmauer und Einfassung für Hochbeete nicht bewährt und sind nicht zu empfehlen.

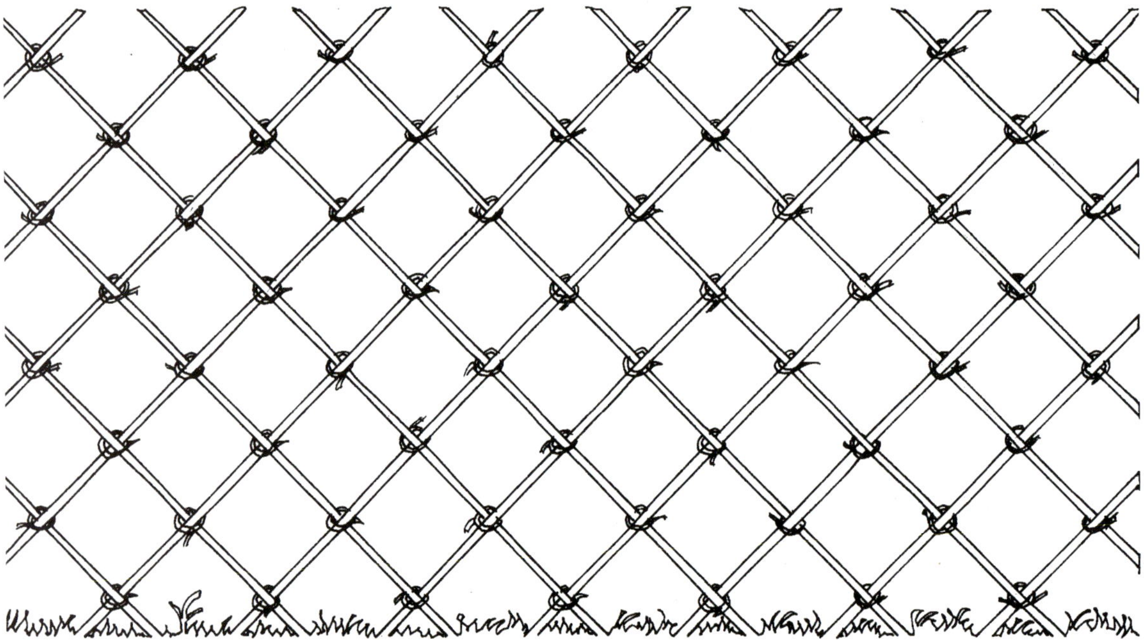

Auch Zäune lassen sich gut aus lebendem Flechtwerk bauen, am besten nach Jägerzaun-Art. Hier gezeichnet mit Weiden 15–20 mm stark, in Abständen von 10, 15, 10 cm gesteckt.

Aufgestapelte Horden aus Weide warten auf den Einsatz.

## Horden

Eng verwandt mit dem Flechtzaun, wurden diese temporären, beweglichen Zaunelemente früher hauptsächlich für die Schafhaltung verwendet. Seit einigen Jahren sind sie auch in Gärten zu finden, eingesetzt als Sofortgrenzen oder Sichtschutz. Die geflochtenen Felder mit zugespitzten Staken werden einfach in den Boden gerammt und können beliebig umgesetzt werden. Die Felder von 1 m bis 1,5 m Breite sind in verschiedenen Höhen erhältlich. Je nach örtlich verfügbarem Material werden Weiden, auch Hasel, Eßkastanien- oder Ahornspäne verwendet. Gleichmäßig lange und starke gerade Staken werden in ein hölzernes Formbrett gesteckt und dünne Ruten dazwischengeflochten. Die Ansatz- und Abschlußreihen müssen sorgfältig ausgeführt sein, sonst fällt die Horde auseinander. Auch die Vorbereitung der Staken nimmt Zeit in Anspruch, denn nur gerade, mittig gespitzte Stangen lassen sich in den Boden rammen und geben ausreichend Halt. Bis vor wenigen Jahren war der Hordenmacher ein eigenständiger Handwerksberuf, heute ist er vielfach im Aufgabenbereich der Korbflechtbetriebe integriert.

Neben dichtgeflochtenen Horden sind auch lockere Versionen erhältlich, die besonders für den Garten geeignet sind. Hier als Trennung zwischen Gärtnerei und Garten in East Lambrook Manor Gardens.

## Lauben

Lauben aus Flechtwerk wurden primär als Kletterhilfe und Stütze für Kletter- und Heckenpflanzen, die in Bogenform gezogen waren, genutzt. Es handelt sich um temporäre Strukturen von beschränkter Lebensdauer, ohne eigenen ästhetischen Wert. Sobald die Pflanzen ihre Form annahmen und selbständig weiterwachsen konnten, verfiel das Gerüst und wurde entfernt.

Flechtlauben sind aber weit mehr als nur ein begleitendes Element. Sie können auch einen Höhepunkt im Garten bilden, z. B. als eine noch ungewöhnliche Version des Gartenpavillons. Einige Korbflechter bieten Lauben an, voll geflochten oder als lebendes Flechtwerk ausgeführt. Kindergärten sind Vorreiter dieser Entwicklung; hier ist die grüne Laube ein beliebter Spielort, die sich im Gegensatz zu manch anderem Spielgerät hervorragend im Garten einfügt.

Geflochtene Bögen werden von speziellen Handwerksbetrieben angeboten. Sie sind für sich selbst so schön, daß es fast schade ist, sie mit Pflanzen beranken zu lassen.

Volle Flechtwerklauben sind selten anzutreffen. Obwohl sie eine beschränkte Lebensdauer haben, einen Sonnen-, aber keinen wetterfesten Schutz anbieten, sind sie trotzdem eine interessante Alternative zu einem Gazebo. Hier mit Balustrade, ausgeführt von Fachlehrer Georg Oester und Schüler der Staatlichen Berufsfachschule für Korbflechterei in Lichtenfels.

## Pflanzgerüste und Kletterhilfen

Pflanzgerüste aus Hasel- und Weidengeflecht sind vermehrt im Garten anzutreffen, ob im Gemüsegarten, Blumenbeet oder einfach über einen Blumentopf als Kletterhilfe gestellt.

Eine normale Bohnenstange stand Pate für die gebundenen und geflochtenen Kletterhilfen. Die Pyramiden und ausgefallenen Rauten, erhältlich in verschiedenen Höhen (1 m, 1,5 m und 2 m), sind nicht nur im Nutzgarten praktisch, sondern auch im Blumenbeet oder in größeren Pflanzcontainern. Die Kletterhilfen sind auch als kleines Kugelgerüst für Pflanztöpfe erhältlich. Ihre Machart ist einfach: gleichlange starke Ruten, am Spitz mit dünnen Ruten gebunden und gehalten durch regelmäßig verteilte geflochtene Bänder, entweder als Pyramide oder gebogen in ungewöhnlichen Formen. Die Pflanzgerüste sind nicht dominant und schwer, sie haben die Leichtigkeit, um die teilweise zarten Pflanzen, beispielsweise Wicken, wirken zu lassen. Gleichzeitig unterstreichen sie einen naturnahen, ländlichen Gestaltungsstil.

## Korbmöbel

So verlockend sie sind: Korbmöbel eignen sich besser für geschützte Veranden und Wintergärten als für den Daueraufenthalt im Garten. Im Gegensatz zu den schweren und dauerhafteren Vollholz-Gartenmöbeln können sie der Witterung und dem ständigen Klimawechsel nicht standhalten. Obwohl sie ihren berechtigten Platz auf der Terrasse, unter Lauben oder in Gartenhäusern haben, müssen sie bei schlechter Witterung aufgeräumt und vor ständiger Nässe geschützt werden.
Wesentlich stabiler und passender für die Nutzung im Freien sind Möbel, die die Flechttechniken als Teil einer anderen Bearbeitungsmethode aufweisen, wie zum Beispiel bei Naturholzarbeit. Witzige und ungewöhnliche Lösungen eröffnen sich bei lebendem Flechtwerk. Dabei steht nicht unbedingt die Funktion im Vordergrund, aber die Idee einer grünen Sitzbank, eingebaut in eine grüne Laube, ist originell.

Korbmöbel kommen in den unterschiedlichsten Formen vor; am schönsten sind die leichten filzgrauen Arbeiten, wie hier gesehen in einem Garten in Südfrankreich.

# BAUANLEITUNG – SECHSECKIGE GARTENLAUBE AUS RATTAN

**Entwurf und Planung**
Alfred Schneider, Leiter der Staatlichen Berufsfachschule für Korbflechterei in Lichtenfels

**Ausführung**
Wilfried Popp und Georg Oester, Lehrer an der Staatlichen Berufsfachschule für Korbflechterei, ausgeführt 1989

**Material**
Rattan, Stärke 10–12 mm, 7 m lang, 48 Stück, Hanfschnur zum Binden

**Fertige Maße**
Höhe: 2,5 m
Durchmesser: ca. 4 m.

**Arbeitskräfte**
Zum Flechten genügt 1 Person, zum Aufstellen werden mehrere Personen benötigt.

**Zur Form**
- Das Sechseckgeflecht ist bei traditionellen und auch zeitgemäßen asiatischen Flechtarbeiten aus Bambus und Rattan immer wieder zu finden.

**Tips zur Ausführung**
- Gängige Handelslängen von Rattan sind 4 m und 10 bis 12 mm stark. Um 7 m lange Stangen zu fertigen, müssen diese mit Schalm (eine Verbindung, in der zwei Stangen durch schrägen Anschnitt verbunden werden), Leim und Wicklung zusammengesetzt werden. Anschließend über 1 unter 1 in drei Richtungen zu einem Sechseck verflechten.
- Durch die Biegsamkeit von Rattan und die Beweglichkeit des Flechtwerkes kann die Fläche zur Kuppel hochgedrückt werden.
- Wird mit Rotbuche-, Hainbuche- oder Lindenheckenpflanzen bepflanzt und anschließend in Form geschnitten, ist der Kuppelüberwuchs nach Ablauf seiner Lebensdauer nach 10 bis 15 Jahren zu entfernen.
- Zur weiteren Verstärkung bei Schneelast empfiehlt es sich, eine Unterkonstruktion aus 30 mm starkem Rattan in Form eines Sechseckes in die Kuppel zu binden.

1 △

2 △

## ARBEITSABLAUF

**1.** Mittelpunkt festlegen, Kreis vorzeichnen:
- Der innere Kreis mit 2 m Radius ist die fertige Stellfläche der Laube und gleichzeitig Ausmaß des Geflechts.
- Äußerer Radius von 3,5 m; der Durchmesser entspricht der Länge der Ruten.

Den Kreis in 12 gleichgroße Segmente teilen.
Erst ein Sechseck legen und mit sechs Stangen über 1 unter 1 in drei Richtungen (Sechseckgeflecht) flechten.

**2.** Weitere Sechsecke mit 3 mal 9 Stangen schließen sich an. Die Kreuzungspunkte der äußeren Lagen des Sechseckgeflechtes binden. Das Quadrat im Innenkreis ist jetzt ausgefüllt.

**3.** Kuppel probeweise in der Mitte hochstellen. Dieser Schritt ist nicht unbedingt erforderlich, dient jedoch dazu, den Halt des Flechtwerkes zu überprüfen.

**4.** und **5.** Stangen in Gruppen zusammenlegen: Von den 60 Stangenenden werden jeweils 5 zusammengebündelt, so daß insgesamt 12 Stränge entstehen.

3 △

4 △

5 ▽

6 △

7 △

**6.** und **7.** Holzpfähle (1,5 m lang) in die Erde rammen und nach dem Hochdrücken der Fläche die 12 Stränge mit Hanfschnur an den 12 Pfählen festbinden. Anschließend kann die Laube wie hier mit echtem Wein bepflanzt werden.

## Lebendes Flechtwerk

Auch wenn das Material und die Handwerkstechniken ähnlich sind, liegt der entscheidende Unterschied zum klassischen Flechten in der Vorbereitung des Materials und eines Pflanzbeetes. Lebendes Flechtwerk hat starken gärtnerischen Bezug, ist aber eindeutig im Handwerk verankert. Neben dem bekannten Verwendungszweck von lebendem Flechtwerk als Befestigung von Böschungen und im Wasserbau zur Stabilisierung von Ufern sind die spielerischen und gestalterischen Möglichkeiten dieses Materials entdeckt worden. In vielen Kindergärten sprießen phantasiereiche Flechtbauten, grüne Iglus, Tunnels, Indianer-Wigwams und mehr. Auch in Privatgärten können solche Strukturen interessante künstlerische Objekte sein.

Hütten, Iglus und sonstige primitive Behausungsformen lassen sich gut aus lebendem Flechtwerk bauen. Sie sind ideale Spielorte und inzwischen in vielen Kindergärten zu finden.

Blick in einen Tunnel aus lebendem Flechtwerk.

## PRINZIPIEN DER ARBEIT MIT LEBENDEM HOLZ

Nur speziell vorbereitete Weiden können in den Boden gesteckt werden, so daß sie Wurzeln schlagen und wachsen. *Salix viminalis*, die Korbweide, und *Salix alba* werden verwendet.

1- bis 2jährige Weiden werden im Februar geschnitten, gebündelt, mit Säcken zugedeckt und bis April in dunklen Kellern (bevorzugt Felsenkellern) bei beständigen Temperatur- und Lichtverhältnissen – um den ruhenden Zustand beizubehalten – gelagert.

1 △

2 △

3 △

4 △

## ARBEITSABLAUF

**1.** Arbeitsbereich abstecken. Erforderliche Richtpunkte, wie Kreismitte oder Beginn und Ende mit Pflöcken kennzeichnen.
Pflanzbeet umstechen und, wenn notwendig, mit humusreicher Erde auffüllen. Richtmaß 25 cm tief, 30 cm breit.

**2.** Material auslegen.

**3.** Ruten spitz zuschneiden.

**4.** Anschließend Ruten 20 cm tief ins Beet stecken.

**5.** In 8 bis 10 cm großen Abständen Ruten nebeneinandersetzen. Abschnittsweise arbeiten und nur so viele Ruten setzen, wie in einem Arbeitsgang gebunden und geflochten werden können.

**6.** In 40 cm Höhe die unterste Reihe überkreuzender Ruten mit dünnen Ruten, Hanfschnur oder Floristendraht binden. Weitere Kreuzungspunkte gleichmäßig binden. Da die Maschengröße der Rauten relativ groß ist, ist es wichtig, daß alle Kreuzungspunkte regelmäßig sind.

■ Beim Bau von Lauben und Tunnels kreuzen und überlappen sich die Ruten von verschiedenen Seiten. Sie sind stabil aneinanderzubinden (s. Abb. Seite 92).
Nach Beendigung der Arbeit überlange Ruten abschneiden.
Wässern, in trockenen Jahreszeiten 2- bis 3mal wöchentlich.

5 △

6 △

Detail von der Verbindung bzw. Verknotung und Umwicklung von Kreuzungspunkten. Diese kann mit Weide, Hanf oder Floristikdraht ausgeführt werden, wobei zu beachten ist, daß keine spitzen Enden herausstehen.

Eine Weidenkuppel, ergänzt mit dichtem Flechtwerk, ist eine der vielen Formen, die eine Mischung zwischen Pflanzen und Bauen sind.

### Tips zur Ausführung

- Ausführungszeit: zur Pflanzzeit im Frühling
- Ruten von ausreichender Länge verwenden.
- Je höher die Struktur, desto stärker müssen die Pfosten sein.
- Zur Verstärkung der Konstruktion kann man Flechtwerk mit toten Ruten zwischen den stärkeren Stangen anlegen.
- Um starken, stangenartigen Ruten besseren Halt zu geben, nach Vorschlag der Weidenbaufirma Freitag & Sohn Stecklöcher von 15 cm Tiefe mit einem Eisenhammer in passenden Abständen in den Graben schlagen.

### Tip zur Pflege

- Regelmäßige Pflege ist unbedingt notwendig, um das Flechtwerk in Form zu halten und das Wachstum in den Griff zu bekommen. Lebendes Weidenflechtwerk ist wie eine stark wachsende Hecke zu behandeln, d. h. gelegentlich ausdünnen und nach Bedarf Zweige einflechten.

Schematischer Schnitt und Ansicht eines Tunnels. Bei der Konstruktion eines Tunnels ist die Bogenform gleichmäßig einzuhalten (s. Abb.).

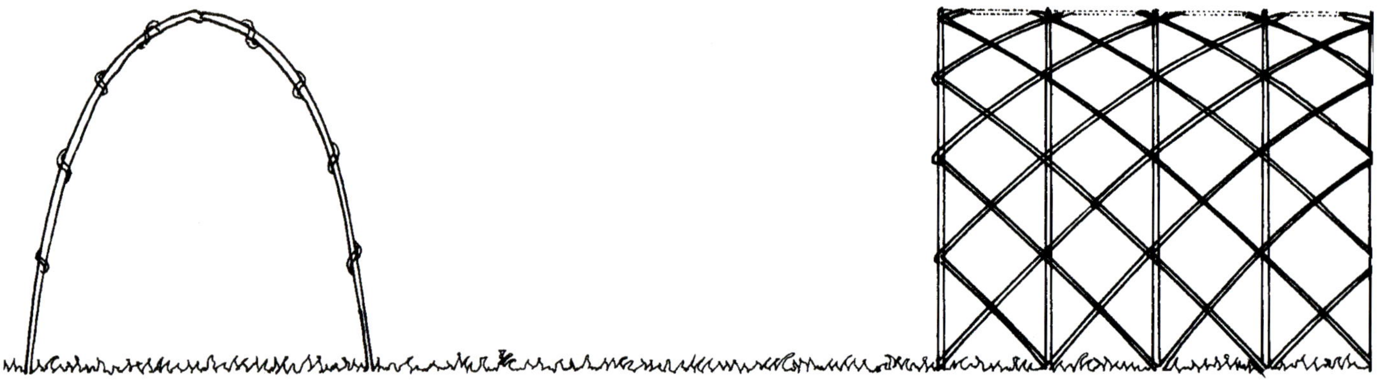

## BAUANLEITUNG – INDIANERHÜTTE

**Planung**
Alfred Schneider, Leiter der Staatlichen Berufsfachschule für Korbflechterei in Lichtenfels

**Ausführung**
Staatliche Berufsfachschule für Korbflechterei in Lichtenfels, in Zusammenarbeit mit Eltern des Kindergartens Ützing

**Material**
4 Weidenstöcke, ca. 6 cm stark und 250 cm lang
ca. 25 Weidenruten für grüne Ummantelung
Flechtwerk für den oberen Kranz: Weidenruten von ca. 50 cm Durchmesser

**Fertige Maße**
Höhe: 210 cm
Durchmesser: ca. 2 m
Wegen der Höhe des Indianer-Wigwams wird eine Innenkonstruktion aus Pfosten zur zusätzlichen Stabilisierung ausgeführt.

Das »Zelt« im zweiten Jahr. Um alles in Form zu halten, ist ein regelmäßiger Schnitt notwendig.

### ARBEITSSCHRITTE

**1.** Stützen abstecken, den Kreis für die Grundfläche mit Kreide vorzeichnen.

**2.** Pflanzbeet vorbereiten, Eingang jedoch freilassen. Pflanzlöcher für Pfosten ausheben.

**3.** 4 Pfosten schräg zuspitzen und im 70°-Winkel im Boden einschlagen.

**4.** Pfosten oben mit Hanfschnur zusammenbinden.

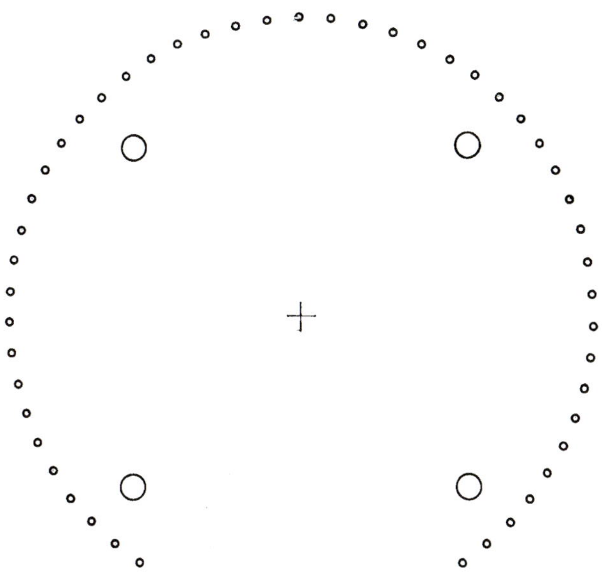

Grundrisse und Schnitt der Konstruktion eines »Indianerzeltes« mit Durchmesser 100 cm, Höhe bis zum Kranz 180 cm.

Die Weiden der grünen Hülle werden durch den Kranz gesteckt.

5. Grüne Ummantelung ausführen. In 8 bis 10 cm Abstand Weidenruten schräg in die kreisförmig angelegten Pflanzbeete einsetzen. Diagonales Siebgeflecht ausführen. Den Kreuzungspunkt der Ruten mit dünnen Weiden, Hanfschnur oder Floristendraht binden. Geflochtenen Kranz von ca. 50 cm Durchmesser an die vier Weidenstücke binden.

6. Die Weidenspitzen durch den Kranz stecken. Die Weiden bekommen dadurch Spannung und brauchen nicht gebunden zu werden.

7. Nach Fertigstellung die Weiden wässern und Boden fest antreten.

**Pflege:** Im zweiten Jahr grüne Ummantelung wie eine Hecke schneiden.

Die geköpften Enden der starken Stützen sprießen wie Besen.

# NATURHOLZARBEIT: PITTORESKES IM GARTEN

Naturholzarbeit hat eine Sonderstellung im Garten. Die Technik entstand im späten 18. Jahrhundert als Teil der Bewegung gegen den formalen Zwang der damaligen architektonischen Gärten. Es war ein Versuch, der Natur näherzukommen und einen Stil für sekundäre Architektur zu finden, der mit der Vision des Landschaftsgartens in Einklang stand. Feldzäune und Bauernhausbauten, die ohne den Anspruch, Architektur zu sein, sich selbstverständlich in die Kulturlandschaft schmiegten, dienten als Inspiration. Gekennzeichnet durch Verwendung naturbelassenen Materials und in einfachster Art zusammengebaut, wurden Eremitagen, Hütten und »Regenpilze« Bestandteile jedes Landschaftsgartens. Auch Brücken, Brüstungen und Zäune wurden passend gestaltet.

Ein Sommerhaus im Naturholzstil.

Auch das Interieur – eine Bretterwand mit sparsamer Verzierung und eine einfache Wandbank – ist im Einklang mit der rustikalen Bauweise.

Einfachste Naturholzarbeit kann einen gewöhnlichen Sichtschutzzaun zu etwas Besonderem erheben.

Nach diesen eher mäßigen und zurückhaltenden Ausformungen erlebte Naturholzarbeit Mitte des 19. Jahrhunderts einen Höhepunkt. Die Gartenelemente, von Gartenhütten bis hin zu den Möbeln, konnten nicht verknorrt und knuppelig genug sein. So hoch war der Bedarf, daß die Vorräte an Holz nicht mehr ausreichten und Ersatzholz, Eisen und Beton in naturalistische Formen gepreßt wurden. In ihrer besten Ausführung bewundernswert und bezaubernd, waren aber viele dieser Arbeiten abstrus und häßlich. Gartenzeitschriften präsentierten unendlich viele Objekte zum Selbermachen, lieferten Vorschläge für eindrucksvolle Ausführungen. Zum Schluß wurde der Markt von rustikalen Arbeiten überschwemmt, und in dieser Flut verschwand der eigentliche Charme.

Nach dieser Euphorie dauerte es lange, bis Naturholzarbeit wieder gesellschaftsfähig wurde. Wie viele Modewellen ist auch dieser Stil entweder heiß geliebt oder verpönt. Erfreulicherweise wird heute vernünftiger und mäßiger mit derartigen Objekten umgegangen. Mehr im Sinne des Landschaftsgartens ist ein gezielter Einsatz festzustellen, wobei eine Überfrachtung des Gartens mit besonders verastetem und knorrigem Holz vermieden wird.

Wer sich des Ursprungs dieser Bauweise bewußt ist, weiß, daß sie dem grünen Holzbau zuzuordnen ist. Naturholzarbeit ist mehr als eine Bearbeitungstechnik. Obgleich sie eine gewisse handwerkliche Fähigkeit voraussetzt, sind ein Auge fürs Detail und der künstlerische Umgang mit einfachem Material entscheidend. Diese künstlerische Komponente in allen Arbeiten mit Naturholz muß gewissermaßen das natürliche Streben nach Präzision unterdrücken.

Naturholz und Flechtarbeit haben vieles gemeinsam. Gerade die Kombination dieser Techniken ist reizvoll.

Das Material muß naturnah wirken. Einfachste Materialien, oft Resthölzer, werden eigens wegen ihrer Farbgebung, Struktur oder Ausstrahlung in naturbelassener Form verwendet:

## Materialien

- Äste, weder geschält noch zugeschnitten, lediglich in entsprechende Längen gesägt
- Borkenrinde, bevorzugt markante und bunte Rinden wie Birke oder Kirsche, entweder geschält wie Tapete verwenden oder am Ast belassen
- Tannen- und Pinienzapfen, in allen Größen
- Stroh, Heide oder Moos für Dachdeckungen und Verkleidung von Innenwänden und Zwischenräumen
- Verarbeitetes Material, wie Holzschindeln, für Dächer und Wandverkleidung und gespaltene Eichenbretter zur Wandverkleidung.

Nicht nur das Material, sondern auch das Werkzeug – hauptsächlich Hammer, Säge, Schneidemesser – und die Bauweise sind einfach. Unter Anwendung von fast primitiven Konstruktionstechniken werden die Teile zusammengenagelt, gebunden oder verzapft. Lediglich umfangreiche Strukturen, wie beispielsweise Schlechtwetterunterkünfte, weisen einen erhöhten Schwierigkeitsgrad auf.

## Holzarten

Theoretisch findet jedes Holz, sogar das dünnste und kleinste Stück, seinen Platz. In der Praxis sind jedoch manche Hölzer besser geeignet als andere:

- Lärche ist am dauerhaftesten, die starken Stämme eignen sich gut als Stützen, die Äste für Zäune und dünne Äste als Füllmaterial.
- Fichte ist wegen ihrer Gesamterscheinung für Stützen beliebt und trotz der geringen Lebensdauer im Vergleich zu Lärche das meist eingesetzte Holz.
- Eiche mit oder ohne die graue, tief eingekerbte Rinde. Vorsicht ist aber geboten in der Verwendung von dünneren Ästen. Diese bestehen hauptsächlich aus Splintholz und vergrauen schnell. Gespaltete Eichenbretter sind eine gute, dauerhafte Verkleidung.
- Hainbuche mit Rinde, ein heimischer Splintholzbaum von großer Elastizität, für Einfriedungen, Brüstungen, Verkleidung kleiner Bauten
- Alle Birkenarten werden trotz geringerer Lebensdauer wegen der markanten Rinde gerne verarbeitet.
- Hasel mit Rinde ist zäh, aber biegsam; geeignet für Einfriedungen und Mobiliar, die kleinen, dünnen Äste sind ideal für Mosaikarbeiten.
- Biegsame Weidenruten werden für Flechtarbeit und Sitzmöbel eingesetzt.

Ungewöhnliche Hölzer wie diese Birke eignen sich gut für Naturholzarbeit. Es gilt: je dekorativer das Holz, desto einfacher die Konstruktion. Angelehnt an die Prinzipien des Rahmenbaus des Adirondack-Stuhles, bauten Anne Roberts und Don Cochrane diese Sitzbank.

## Materialauswahl

Ein großer Materialvorrat ist notwendig, um die größeren Arbeiten auszuführen, denn nicht jedes Stück Holz hat die gewünschte Form. Hier ist es wichtig, zwischen den einzelnen Bauteilen zu differenzieren und das entsprechende Holz auszusuchen.

- Für die Konstruktionsteile wie Stützen, Dachstuhl und Sitzbankrahmen werden gerade Äste von ähnlichem Durchmesser gesucht, die sich nicht zu stark verjüngen.
- Zur Verkleidung von Wänden und für Sitzflächen nimmt man Rund-, Halb- oder Spalthölzer oder Mosaikarbeit, montiert auf Holzpaneele.
- Als Dachdeckung das passende, örtlich vorgefundene Material, wie Stroh, Ried, Heidekraut oder Schindeln, angebracht auf einem fachgerecht ausgeführten Dachstuhl.
- Zur Verzierung sind Pinien- oder Tannenzapfen gut geeignet, wobei es sinnvoll ist, sie nach Größen vorzusortieren.

Eine gewisse Sammelleidenschaft wird bei Naturholzarbeiten vorausgesetzt. Da der Holzhandel nur wenige Teile anbietet, muß vieles in Absprache mit der örtlichen Forstverwaltung direkt aus dem Wald geholt werden.

An Äste genagelte Tannen- und Pinienzapfen aller Größen werden zur Verzierung eingesetzt.

## Verwendungsmöglichkeiten

Jeder denkbare Gegenstand läßt sich aus Naturholz fertigen:

- Einfriedungen in allen Variationen, von denen die Wildzäune, u. a. Jägerzäune, die besten Beispiele sind. Leider ist heute ein Jägerzaun in ursprünglicher Form eine Seltenheit. Verniedlichungen in Material und Dimension sind in fast jeder Wohnsiedlung anzutreffen.
- Treppen, Stufen und Steigen im Wald, passend zur Umgebung und funktionell ausgeführt, oft ohne ästhetischen Anspruch.
- Mobiliar und Sitzbänke sind nur bedingt erfolgreich. Zu grob, verschnörkelt oder überzogen gestaltet, können sie ihren Zweck nicht erfüllen. Ästhetik und Funktion unter einen Hut zu bringen, bleibt äußerst schwierig, aber, wie die Beispiele beweisen, nicht unmöglich.

Gartentrennwand: geflochtene obere und untere Leisten geben Halt, während die weißen, entrindeten Äste das Feld füllen und verzieren.

Trennwände für den Naturgarten, einfach an einen Rahmen genagelt: jede beliebige Größe und jedes Motiv sind ausführbar.

Neu ausgeführte gotische Naturholzsitzbank im Borkenhaus, Dunham Massey, England. Naturholzsitzflächen sind äußerst unbequem, vermehrt werden einfache, unscheinbare Bretter verwendet.

Sonderbauten im Garten, an allen Seiten offen oder zum Teil geschlossen oder komplett mit Fenstern und Türen. Die Inspiration für solche Bauten liefern Holzhäuser, Bauernhäuser, »Cottages«, Jagdhütten in ländlichen und bewaldeten Gegenden wie in Schottland, im Schwarzwald und den Voralpen. Typisch sind u. a. »Borkenhäuschen«, Lauben, Eremitagen, Hütten und Schlechtwetterschutz, wie z. B. »Regenpilze«. Ein breites Spektrum, in jeder Größe und Ausstattung (s. Seite 55).
Die Naturholzkonstruktionen machen einen ständigen Unterhalt erforderlich. Einfach aneinandergenagelt, unter Einsatz einfachster Holzverbindungen, werden bei wenigen Bauten die Grundregeln für konstruktiven Holzschutz eingehalten. Ein Dachüberstand ist meist das einzige, was sie anzubieten haben.
Sie sind eher zusammengesteckt, das provisorische, verfallene Aussehen ist absichtlich und gehört zum romantischen Image. Von den vielen Möglichkeiten, selbst mit Holz etwas Individuelles im Garten zu gestalten, ist Naturholzarbeit am geeignetsten. Wer hat nicht schon einen Futtertisch aus Birkenästen gebaut? Historische und zeitgenössische Beispiele bieten Anregungen zum Selbermachen. Wichtig dabei ist zu bedenken, daß alle Maße Richtwerte sind; das Endmaß ist vom Material und den persönlichen Wünschen bestimmt.
Die Gegenstände sind ausschließlich für den Einsatz im Freien gedacht, im warmen, trockenen Innenraum werden sie spröde, verfallen und verlieren jeden Reiz. Ohne das passende Ambiente kommt die Arbeit nicht zur Geltung. In diesem Licht betrachtet, sind Naturholzarbeiten nur ein Teil der Gartenkomposition. Ziel ist es, eine ländliche Idylle vorzutäuschen, in der die Perfektion als Gesamtwirkung zum Tragen kommt.

Runde Hütten sind beliebt an Aussichtspunkten, oder auch wie hier in York Gate tief eingebettet im Garten.

# Rustikales Mosaikwerk

Rustikales Mosaikwerk ist eine dekorative Technik, für die dünne, aber gleichmäßige, etwa bleistiftstarke Äste verwendet werden. Je nach Verlegungsart werden sie in Längen vorsortiert und sorgfältig auf einen Hintergrund geklebt oder genagelt; dabei sind kleine wie auch große Arbeiten möglich. Jedes denkbare Muster ist ausführbar, z. B. Variationen des Blockmusters, Schachbrett- und Fischgrätmuster. Vor Arbeitsbeginn ist das Muster auf den Holzpaneelen aus Brettschichtholz vorzuzeichnen und die notwendige Menge von Hölzern zu ermitteln. Die fertige Mosaikarbeit wird als Dekoration auf Wände montiert, als Sitzfläche für Bänke oder als Tischfläche wie auch in größeren Formaten zur Verkleidung von Außenwänden eingesetzt. Bevorzugte Hölzer sind Weide, Hasel, Ahorn und Kirschholz, aber auch andere glänzende, farbintensive Holzarten kommen zum Einsatz. Die Fertigung ist zeitaufwendig: Für ein Quadrat von 30 cm werden bis zu vier Stunden benötigt.

Wie viele Mosaikarbeiten nimmt dieses dekorative Wandpaneel ein einfaches sich wiederholendes Motiv als Grundlage. ▷

Verlegungsarten von rustikalem Mosaikwerk. Fast jede Kombination von Formen ist möglich, man muß sich nur nach der Stärke des Holzes richten. Zartes, bleistiftstarkes Astwerk ist mehr für geschützte, überdachte Bereiche, während faustgroße Äste der Witterung im Freien standhalten können.

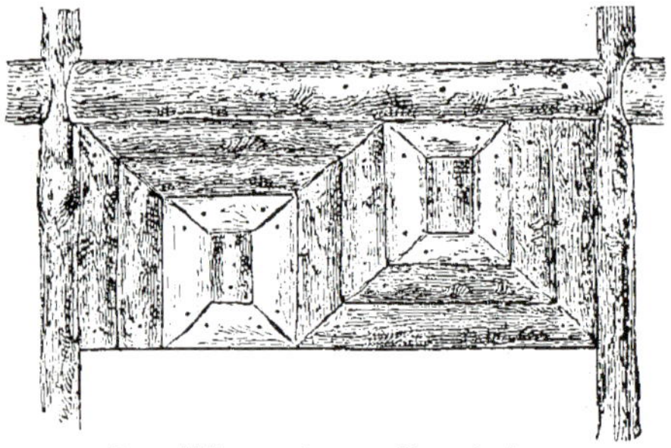

Zum Höhepunkt von Naturholzarbeit um die Jahrhundertwende wurden zahlreiche Musterbögen veröffentlicht.

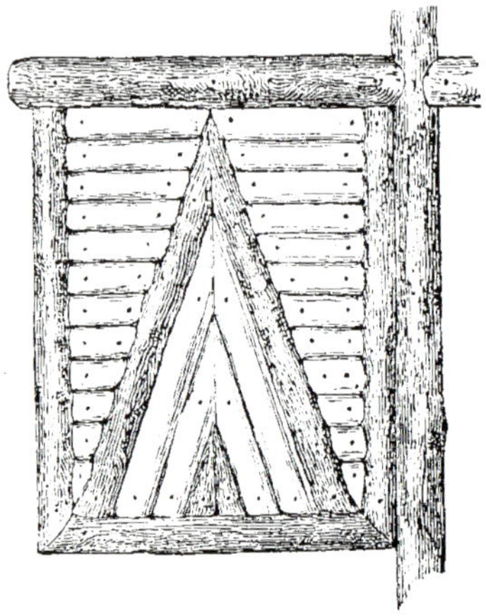

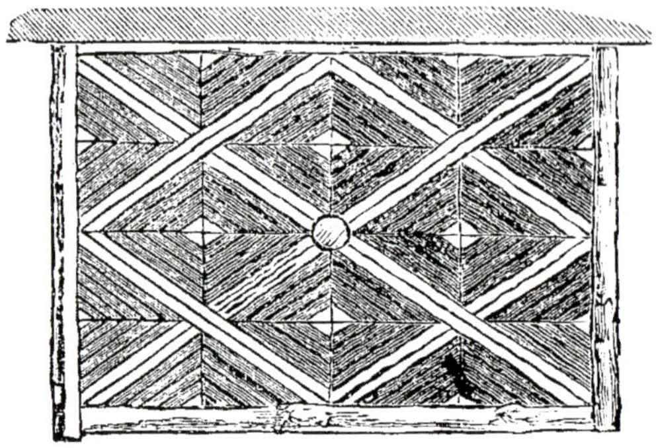

Die Ausführung von Mosaikwerk am Beispiel eines Tisches. Rahmen und Tischbeine sind aus Birkenholz, die bleistiftstarken Hölzer werden auf eine Sperrholzplatte aufgebracht. Das Muster ist vorgezeichnet, die etwa 40 cm langen Hölzer sind erst am Einsatzort passend zugeschnitten. Gefertigt in Feir Mill, Kanada.

## BAUANLEITUNG – »ADIRONDACK«-STUHL

Astwerk-Weidenstühle mit gebogenen Rücken, entwickelt im 19. Jahrhundert, sind typisch für das Adirondack-Gebirge, New York State, Nordamerika. Inzwischen ist dieser Typus weit über die Landesgrenzen verbreitet. Ursprünglich wurde der Stuhl von örtlichen Handwerkern als schnell zu fertigende und preiswerte Sitzgelegenheit für innen wie außen für die Ferienhäuser reicher Stadtbewohner entwickelt. Die Bauweise nutzt die Vorteile der Arbeit mit grünem Holz. Es werden grüne Weidenruten frisch geschnitten verarbeitet. Der ganze Bau dauert je nach Geschicklichkeit von einem Tag bis zu einem Wochenende. Die Weiden dürfen nicht zu schnell austrocknen, weshalb am besten im Freien gearbeitet wird.
Die Anleitungen sind übernommen von: Anne Roberts und Don Cochrane, Feir Mill Enterprises, Kanada. In ihrer Werkstatt fertigen sie verschiedenes Gartenmobiliar und geben Unterricht für enthusiastische Heimwerker. Die Abbildungen sind während der Unterrichtswochenenden entstanden.

### Material
Grüne Weidenruten verschiedener Durchmesser, 30 bis 35 Stangen pro Stuhl

### Gestell
*Hintere Stuhlbeine:* 2 Stück, ø 50–60 mm, Länge 70–75 cm
*Vordere Stuhlbeine:* 2 Stück, ø 50–60 mm, Länge 40 cm
*Streben:* 13 Stück, ø 25–30 mm, Länge ca. 60 cm

### Lehnen und Sitzfläche
*Kopflehne:* 1 Stück, ø 25–30 mm, Länge 145–175 cm
*Abstandshalter (hinten):* 1 Stück, ø 50–60 mm, Länge 60 cm
*Armlehne:* ca. 6–8 Ruten, 15–20 mm stark, Länge 175 cm
*Rückenlehne:* 4 Ruten, 15–20 mm stark, Länge 200 cm
*Sitz und Rückenfläche:* 10–12 Ruten, 15–20 mm stark, gleichmäßige Abstände Mitte zu Mitte (ca. 35 mm), Länge 145 cm

Nagelschrauben: 100 mm lang (Rückenleiste)
Nagelschrauben: 60–70 mm lang (Rahmen)
Drahtnägel: 25–35 mm lang (zur Befestigung der Ruten)

### Fertige Maße
Sitzhöhe: 45–55 cm
Sitzfläche: 45 x 45 cm
Gesamthöhe: ca. 100 bis 115 cm

### Tips zur Ausführung
- Der Bau soll nicht im beheizten Innenraum erfolgen.
- Zeit der Ausführung je nach Klimabedingungen von Mai bis Oktober.
- Die Arbeit kann auf einer einfachen Tischfläche ausgeführt werden. Arbeitstischkante verwenden, um zu überprüfen, ob der Stuhl senkrecht ist.
- Abstände am Rahmenteil ausmessen und markieren.
- Weidenruten vorbereiten, über dem Knie biegen und in Form bringen.

### Hinweis
Wie bei jeder Einzelanfertigung sind die genannten Maße Richtwerte. Der Stuhl kann nach individuellen Maßen gebaut werden; wichtig ist, daß die Proportionen stimmen.

### Werkzeug
Hammer, Hecken- und Gartenschere, Handsäge, Hobel, Raspel, Säge

## VORBEREITUNGSARBEIT

**1.** Frisch geschnittenes Material sortieren und in entsprechende Längen sägen bzw. schneiden.

**2.** Rinde am Ende der Stuhlbeine mit einer Raspel entfernen.

**3.** und **4.** Zuerst die Seitenteile ausführen. Stuhlbeine paarweise, jeweils ein vorderes und hinteres Stuhlbein auslegen. Lage der seitlichen Querstreben messen und markieren:
- untere Strebe ca. 7 cm von unten
- obere Strebe ca. 2,5 cm vom oberen Ende des vorderen Stuhlbeins

Anschließend Streben vorerst nur mit einem Nagel beidseitig befestigen. Vorgang für das andere Stuhlbeinpaar wiederholen.

1 △

3 △

2 △

4 ▽

**5.** Beide Stuhlbeinpaare aufeinander legen und überprüfen, ob sie gleich sind.

**6.** und **7.** Stuhlseitenteile verbinden. Die unteren Streben wie abgebildet anbringen. Vorne anfangen und erst nach Überprüfung der senkrechten Lage die rückwärtigen Streben anbringen. Dabei ist das Gestell so zu drehen, daß das Rückenteil zu Ihnen zeigt. Jetzt ist die Entscheidung zu treffen, ob die hinteren Beine parallel verlaufen sollen oder leicht schräg. Die obere hintere Strebe entsprechend auf die herausstehende seitliche Strebe legen und befestigen, ebenso die untere Strebe.

**8.** Schauen Sie Ihren Stuhl genau an und prüfen Sie, daß alles symmetrisch ist. Noch ist der Stuhl beweglich.

5 △

7 △

8 △

6 △

9 △

10 △

**9.** Seitliche diagonale Versteifungsstreben anbringen:
Von der unteren hinteren Strebe bis unterhalb der oberen seitlichen Strebe, die Versteifungsstrebe jeweils vorne und hinten annageln.
Vorgang auf der anderen Seite wiederholen: Gestell nochmals überprüfen und alle Verbindungen doppelt ausführen.
Grundlage für die Sitzfläche:
Jetzt muß die vordere Sitzstrebe auf die seitlichen Streben und hinter den vorderen Beinen angebracht werden: Die zweite »Sitz«-Strebe ist ebenfalls auf die seitlichen Streben ca. 35 cm hinter der ersten anzubringen.
Gestell für Rückenlehne ausführen:
Den Abstand zwischen den hinteren Beinen ca. 23 cm oberhalb der oberen hinteren Strebe genau messen. Diese Abstandshalter entsprechend zuschneiden und mit 100-mm-Nägeln beidseitig befestigen. Legen Sie die Kopfstütz-Strebe auf die hinteren Beine, Überhang gleichmäßig ausrichten und mit 100-mm-Nägeln befestigen. Der Rahmen ist jetzt bis auf die Anbringung des verbleibenden Strebenteils fertig. Jetzt fängt die Arbeit mit den Weidenruten an. Damit die Ruten beim Einbau nicht brechen, müssen sie übers Knie gebogen werden. Alle Ruten sollten mit 25 bis 35-mm-Nägeln befestigt werden. Armlehnen ausführen: Erste Rute zwischen der unteren vorderen Strebe biegen, in gebogener Form nach hinten führen und an der oberen Strebe des Stuhlrahmens festnageln. Erst feststellen, ob die Form richtig ist, dann vorne befestigen. Konturen mit weiteren 4 bis 6 Ruten folgen von innen nach außen, bis eine breite Armlehne entsteht. In 10- bis 15-cm-Abständen die Ruten mit 10- bis 15-mm-Nägeln verbinden. Vorgang an der anderen Seite wiederholen.

**10.** Rückenlehne: Die längste Rute hinter der Armlehne, an der oberen Kopfleiste angefangen, so biegen, daß sie an der anderen Seite auf gleicher Höhe ankommt. An dieser Stelle festnageln. Höhe und Form überprüfen. Ein guter Richtwert sind 100 bis 115 cm, vom Boden gemessen. Weitere Ruten der Form nach biegen und befestigen, wobei immer das stärkere und schwächere Ende der Rute abwechselnd anzubringen ist. Ruten miteinander verbinden wie bei der Armlehne.

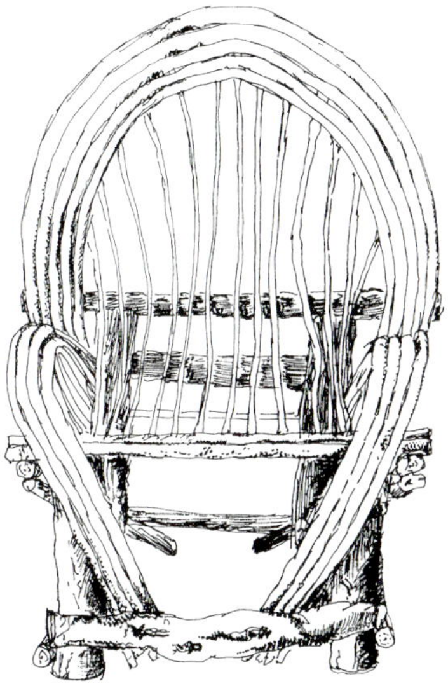

**11.** Sitzfläche und Rückenlehne ausführen: Die übriggebliebene Strebe vor den vorderen Stuhlbeinen auf der oberen Strebe (gerade hinter der vorderen Armlehne) anbringen. An diese werden die Sitzruten herangeführt. Anschließend 10 bis 11 gleichstarke Ruten vorbereiten, Enden sauber sägen, Unebenheiten soweit wie möglich entfernen. Beginnend in der Mitte, eine Rute hinter die Kopflehne und über die Kopfleiste führen. Weiter der Sitzform entsprechend bis an die soeben angebrachte Leiste biegen. Diese mittige Rute befestigen und jeweils 4 bis 5 Ruten an jeder Seite gleichmäßig verteilen. An Kopfleiste, Rückenleiste und vorderer Leiste befestigen. Überstehende Ruten oben und unten gleichmäßig abschneiden. Der Stuhl ist jetzt fertig.

Nach Wunsch können Sie den Stuhl mit gekochtem Leinöl und Terpentin streichen, anschließend mit Bienenwachs behandeln. Dadurch nimmt der Stuhl ein Burgunderrot als Farbton an.

11 △

# VON BRÜCKEN ZU PFLANZKÜBELN: NOTWENDIGES UND ACCESSOIRES

In diesem Sammelkapitel soll Beiwerk für den Garten angesprochen werden. Dazu gehören Fußgängerbrücken, Sitzbänke und sonstiges Gartenmobiliar, Pflanzkübel, Kunst und vieles mehr. Manche dieser Objekte sind rein dekorativ, manche auch zweckmäßig. Gemeinsam ist allen, daß sie einen Garten aufwerten.

Wer ein richtiges Eßzimmer im Freien einrichten möchte, braucht neben dem Tisch und den Stühlen auch Zubehör wie Beistelltische, Servierwagen oder Anrichten. Sutton Armlehnstuhl, Cornwall Ausziehtisch und Rochester Barwagen aus Plantagenteak von Garpa.

Einfache Bretterbrücke über einen schmalen Bach. Die Höhe und die Breite sind so gering, daß keine Brüstung notwendig ist. Wichtig ist aber ein ausreichendes Auflager auf beiden Seiten des Bachbetts.

## Brücken

Wo eine Wasserfläche zu finden ist, ist auch eine Brücke. Sei es das einfachste Brett zwischen Ufer und Insel – kaum jemand kann widerstehen, zwei Ufer miteinander zu verbinden und das Wasser zu »begehen«. In Landschaftsgärten ist eine Brücke eine dekorative Notwendigkeit, sie fügt sich im Gesamtbild ein und dient mehr der Betrachtung. Sie sollte die Wasserfläche größer und daher imposanter erscheinen lassen, als es tatsächlich der Fall ist.

Holzbrücken eignen sich am besten für den Garten und kommen in allen möglichen Gestaltungsformen vor. Sie sind aber nur auf Fußgänger ausgerichtet, vielleicht auch für die Überquerung mit einfachen, leichten Geräten wie Rasenmähern usw., sind jedoch keinesfalls befahrbar. Aus dauerhaften, starken Hölzern wie Lärche, Eiche und gelegentlich Bongossi entstehen hauptsächlich Einfeldbrücken, die auf einer beidseitigen Endauflage liegen. In der Regel zwischen 3 und 5 m lang, sind sie breit genug, daß zwei Personen nebeneinander gehen können. Längere Brücken – jedoch selten über 10 m – werden durch Zwischenauflager gestützt, was allerdings die elegante Linie beeinträchtigt.

Bambusbrücke über einen kleinen Bach im Garten von Glendurgan, Cornwall. Die Verbindungen sind mühevoll mit Hanf gewickelt und tragen wesentlich zur Gesamterscheinung bei.

Der Brückenkopf ist ein wichtiges Gestaltungselement, hier ist er absichtlich betont, so daß die Brücke auch von weitem zu sehen ist. Höhenunterschiede zwischen zwei Uferseiten können einfach durch Stufen überwunden werden.

Brücken im Garten dienen der Betrachtung ebensosehr wie dem Nutzen.

Gartenbrücken sind gerade, leicht, oder – wie die chinesischen Mondbrücken – stark gewölbt. An Flüssen, Kanälen oder Wasserflächen, wo Boote segeln, muß die Höhe zwischen Wasseroberfläche und Brückenunterkante ausreichend sein.

Brückenbau ist ein Spezialgebiet, Planung wie auch Ausführung sind stets einer der versierten Fachfirmen zu überlassen.

Die Kombination einer Trauerweide und einer roten Brücke verleiht dem Garten einen Hauch von Orient.

## Kästen für Pflanzen und Spiel

Von all den Kübeln sind die »Versailles«-Pflanzkübel am edelsten. Sie kommen in verschiedenen Größen und Farben vor, hier von der Firma Garpa. Der klassische Stil des Pflanzencontainers fordert eine strenge Bepflanzung. Hochstammrosen und Fuchsien eignen sich am besten. ▷

Holz wird vielfach für den Bau von Kinderspielgeräten verwendet. Dieser 4-$m^2$-Sandkasten mit abnehmbarem zweiteiligen Deckel aus imprägniertem Fichtenholz ist groß genug, daß bis zu sechs Kinder gleichzeitig darin spielen können.

Neben Terracotta-Pflanztöpfen sind auch Pflanzkübel aus Holz beliebt. Im Handel ist ein breites Spektrum an Formen und Größen – von Kübeln, die eigens für diese Zwecke hergestellt wurden, bis hin zu umfunktionierten Bier- und Weinfässern – erhältlich. Keines der Gefäße ist besonders dauerhaft, es sei denn, daß es mit einem Einsatz versehen ist. Das Holz wird schnell von Insekten befallen, fault rasch, und direkter Bodenkontakt muß vermieden werden, wenn der Kübelboden nicht plötzlich herausfallen soll. Trotz dieser Nachteile sind die Holzgefäße billiger und in manchen Situationen geeigneter als Tongefäße.

Zum Schutz des Holzes und zum leichteren Austausch oder Umtopfen der Pflanze werden Einsätze angeboten. In manchen Ausführungen haben die »Versailles«-Kübel beidseitige Griffe, die das Tragen erleichtern. Balkon- und Blumenkästen gehören auch in diese Gruppe, wobei auch hier ohne den Einsatz die Haltbarkeit beschränkt ist.

Holz wird vielfach für den Bau von Kinderspielgeräten verwendet. Die Auswahl an Schaukeln, Klettergärten und Kombinations-Spielgeräten ist so groß, daß es sich kaum lohnt, Sonderanfertigungen in Erwägung zu ziehen. Nur Sandkästen fallen manchmal zu klein für den richtigen Burgbauer aus, denn ohne ausreichenden Platz und Sandtiefe ist die Kreativität gebremst. Von allen Gegenständen ist der Sandkasten am einfachsten zu bauen, entweder in Blockbau- oder Kastenweise auszuführen. Es ist sinnvoll, um genügend Sandtiefe zu bekommen (50 cm ist ein guter Richtwert) und gleichzeitig die Fallhöhe zu minimieren, ihn in den Boden zu senken. Achten Sie dabei auf einen wasserdurchlässigen Untergrund und legen Sie ein Vlies zwischen Sandschicht und Untergrund. Der Kasten ist mit Spielsand zu füllen und regelmäßig je nach Gebrauchsintensität auszutauschen. Auch eine Abdeckung aus Holz oder Folie ist unverzichtbar.

# Gartenmöbel

Egal, ob bescheiden oder prunkvoll, gehören Sitzbänke, Tische und Stühle einfach zum Garten. Früher »Garten- und Verandamöbel« genannt, sind heutzutage drei Stilrichtungen zu erkennen:

- die englische: schwere und solide Eichen- oder Teakmöbel, naturbelassen oder gestrichen
- die deutsche: weiß gestrichene, leichtere Möbel, vertreten durch die Sylter und Biedermeierlinien
- die französische: Caféhausmobiliar als Metallgestell mit Holzsitzflächen und -lehnen, handlich und zusammenklappbar.

Gartenmöbel sind nicht billig, sie liegen in einer ähnlichen Preisklasse wie Holzmöbel im Innenraum. Obwohl fast alle Gartenmöbelhersteller eine Dauerausstellung in der Nähe zu ihrer Werkstatt haben, werden viele Gartenmöbel über den Katalogversand erworben. Was in den Baumärkten und Gartencentern angeboten wird, ist im allgemeinen nur ein kleiner Ausschnitt aus dem Angebot, meist in der unteren Preisklasse. Allzuoft handelt es sich um Importware von minderwertiger Qualität und begrenzter Haltbarkeit sowie eintönigem Stil. Auch wenn über den Winter im Innenraum gelagert wird, müssen die Sitzbänke, Tische und Stühle der Witterung im Freien standhalten. Große Tischflächen sind besonders empfindlich und bestehen selten aus einer durchgehenden Platte. Meist sind es Bohlen oder Bretter, die entweder mit Fugen oder in einem besonderen Verfahren zusammengefügt werden, um die natürlichen Spannungen auszugleichen.

Sitzbänke werden entweder als 2-, 3- oder 4-Personen-Bänke oder nach ihrer Länge (in der Regel 1,5 und 2 m) angeboten. Welche Größe und welcher Typus gewählt werden, hängt u.a. von der gewünschten Wirkung ab. Hierzu eine aussagekräftige Stichprobe, entnommen aus dem Heft »Gartenschönheit« von 1920:

»Würde wohl ein Maler auf einem Gartenbilde solche Bank gern mitmalen, oder würde er bei einem Bildnis eines Menschen im Garten ihn auf einer solchen Bank sitzend malen?«

Inzwischen ist die bescheidene Gartenbank von Innenarchitekten entdeckt. Sie ist salonfähig geworden und sowohl im Wohnzimmer als auch auf der Terrasse zu finden.

Dieser Tisch mit dazugehöriger Bank aus englischer Eiche im Garten von Parnham House verbindet gutes Design mit einer beispielhaften Konstruktion.

Gemütlicher Sitzplatz, dekoriert mit Topfpflanzen. Pflanzfässer eignen sich für größere Topfpflanzen und wirken am besten in Gruppen.

Biedermeierbank von Stephan Kirchner, klassisch und zeitlos, für Land wie Stadt geeignet.

Englische Gartenmöbel gelten oft als schwer, massiv und unbequem. Dabei wird vergessen, daß diese Möbelstücke den ganzen Winter über im Freien bleiben, dauerhaft sind und doch einen ästhetischen Anspruch erheben. Barrington Court Sitzbank, ausgeführt in Eiche.

Neben der bekannten Ware sind erfreulicherweise neue Designs zu finden, die Sinn für das Material und die handwerkliche Ausführung haben. Zum Beispiel der elegante »Court Seat«, aus dem Eichenholz-Gartenmöbelprogramm von Gaze Burvill.

Eine wunderschöne zeitgenössische Sitzbank, entworfen und ausgeführt von Wales & Wales für Canary Wharf in London.

Zwischen den Alltagsbänken und den Sondermodellen stehen Welten. Sie unterscheiden sich nicht nur im Preis, sondern auch im Anspruch. Gerade diese Gartenbänke müssen in Szene gesetzt werden, hier gerahmt von Pflanzen in einer Nische. ▽

Throne sind als Motiv immer wieder in Gartenbänken anzutreffen. Hier ein Zweisitzer aus Latten. ▽

## Kunstwerke aus Holz

In der Volks- und Primitivkunst wurde Holz vielfach verwendet. Man braucht nur an den Indianer-Totempfahl zu denken. Von ausgesuchten, eindrucksvollen Baumstämmen bis hin zu sorgfältig bearbeiteten Schnitzereien ist die Spannweite bei Kunst im Garten groß. Auch einfache Gegenstände, die nicht sofort als Kunst einzuordnen sind, schmücken den Garten. Die Ideen reichen von Skulpturen bis hin zu Nutzgegenständen – alle mit dem Ziel, dem Garten ein persönliches Flair zu verleihen.

Daß auch eine andere Seite von Holz im Garten existiert, beweisen diese ideenreichen Kunstwerke. Sei es eine Vogelscheuche, gebaut aus buntgestrichenen Brettern (s. unten), die »Brennholz-Plastik« von Herbert Schmahlhagen (rechts unten) oder das minuziös verarbeitete Denkmal in Grey's Court Garden (rechts oben) bis hin zum »Weidenmann« (links unten). Alle bereichern den Garten und verleihen ihm eine individuelle Note.

VERY
AND
OUT OF
WHEN
SO OLD
OH NO

# TECHNISCHER TEIL

# HOLZARTEN FÜR DAS BAUEN IM FREIEN

Die Kombination von extremen Witterungsbedingungen und ästhetischen Ansprüchen macht die Entscheidung, welches Holz für eine Verwendung im Freien geeignet ist, schwierig. Aus dem großen Sortiment kommt nur weniges in Frage. Es können nur ausgesprochen erprobte, widerstandsfähige und dauerhafte Arten in Erwägung gezogen werden. Resthölzer können zwar im Garten verbaut und individuelle künstlerische Strukturen kreiert werden, doch muß man sich darüber im klaren sein, daß ihre Lebensdauer begrenzt ist, da das Holz nicht die entsprechenden Eigenschaften besitzt.
In den meisten Fällen spielt Geld eine entscheidende Rolle und diktiert letztendlich sowohl das Material wie auch die Ausführung. Denn außer der Einfriedung sind viele Gartenelemente nicht zwingend notwendig, sondern oft nur dekorativ und müssen kostengünstig sein. Das teuerste Holz ist nicht unbedingt das beste für den vorgesehenen Zweck, noch ist das billigste von vornherein auszuschließen. Die Gegenüberstellung Ausgaben – Dauerhaftigkeit muß in angemessenem Verhältnis zur Wertigkeit des Gegenstandes im Garten stehen. Bei kleineren Einzelanfertigungen empfiehlt es sich, aufgrund der relativ teueren Arbeitszeit, nur das widerstandsfähigste Material zu wählen.

Die Grundregeln zur Auswahl der Holzart sind einleuchtend:

- Örtlich vorkommende Hölzer sind der Importware vorzuziehen. Die zunehmende Verwendung heimischer Hölzer ist zu begrüßen. Das Material ist leicht von örtlichen Lieferanten zu beschaffen und entspricht in seiner Farbgebung und Struktur dem jeweiligen Landschaftscharakter.
- Das richtige Holz für den betreffenden Zweck und Einsatzort auswählen. Direkter Bodenkontakt ist anders zu bewerten als Bodenfreiheit.
- Der Gestaltungsstil und Charakter des Holzes gehen Hand in Hand. Für rustikale Arbeiten entsprechendes Holz aussuchen.
- Das passende Holz für die Bearbeitungstechnik auswählen.

Wie bei allen natürlichen Materialien sind auch unter den Hölzern die Unterschiede in Eigenschaft, Aussehen und Qualität erheblich. Um beurteilen zu können, welches Holz in welcher Qualität für die Arbeit im Freien geeignet ist, und warum so viele Hölzer die Kriterien nicht erfüllen, ist ein kurzer Exkurs zu Aufbau und Auswahl des Holzes notwendig.

## Aufbau des Holzes und Wuchs

Standort und äußere Erscheinung des Baumes liefern gute Hinweise auf die Wachstumsbedingungen und Qualität des Baumes und dessen Holz. Bauholz wird ausschließlich aus Baumstämmen gewonnen, ein gerade gewachsener Stamm ist brauchbarer als ein mehrstämmiger, krummer und verformter Baum. Äste und Zweige sind in der Regel zu dünn für eine weitere Verarbeitung. Lediglich im Naturholzbau, für die sogenannte »Rustikalarbeit«, kommen Äste und dickere Zweige zur Verwendung (s. Seite 101).
Anhand eines Quer- und Längsschnittes durch den Stamm ist die Qualität und somit die Eignung des Holzes feststellbar. Während der Querschnitt am gefällten Baum gut zu erkennen ist, ist dieser nach der Verarbeitung nur an der kleinsten Fläche sichtbar. Wenn der Stamm zu Brettern gesägt ist, wird der Längs- oder Radialschnitt erkennbar. Dieser entspricht der Struktur, die wir an dem fertigen Produkt sehen.
Im Querschnitt, von der Mitte ausgehend, besteht der Stamm aus:
**Mark:** Dieses liegt in der Mitte des Stammes, umgeben von der Holzmasse. Das Mark kann ein Schwachpunkt sein, da es öfters von Insekten oder Pilzen befallen wird. Markstrahlen gehen in waagerechter Richtung von der Mitte des Baumes aus und transportieren Nahrung. Bei vielen Weichhölzern sind sie nicht sichtbar, bei einigen Harthölzern wie der Eiche hingegen sehr deutlich ausgeprägt.
**Kernholz:** Dies ist der innere Teil des Stammes mit niedrigem Feuchtigkeitsgehalt; da das Kernholz nicht mehr am Wachstum teilnimmt, schwindet es weniger als Splintholz (s. unten). Die verholzten Wände geben dem Baum Stabilität und Halt. Für den Bau kommt nur Kernholz in Frage; es ist deswegen der bevorzugte Teil des Stammes, sein Anteil bestimmt die Eignung als Bauholz.
**Splintholz:** Wie ein Mantel direkt unter der Rinde um das Kernholz gewickelt, ist dieses Holz heller, saftreicher, leichter, minderwertiger und hat größere Zellen als das Kernholz. In diesem Teil des Stammes bilden sich die neuen Zellen. Da die Saftbewegung hier noch aktiv ist, hat das Splintholz einen entsprechend höheren Feuchtigkeitsgehalt und schwindet stärker. Bei einigen Bäumen wie Tanne und Fichte ist zwischen Splint- und Kernholz eine weitere Zone – das **Reifholz** – vorhanden. Dessen Farbe ähnelt dem Splintholz, ist jedoch fest und trocken wie der Kern.

Unterschiedliche Schnittrichtungen durch denselben Stamm ergeben ein anderes Bild.

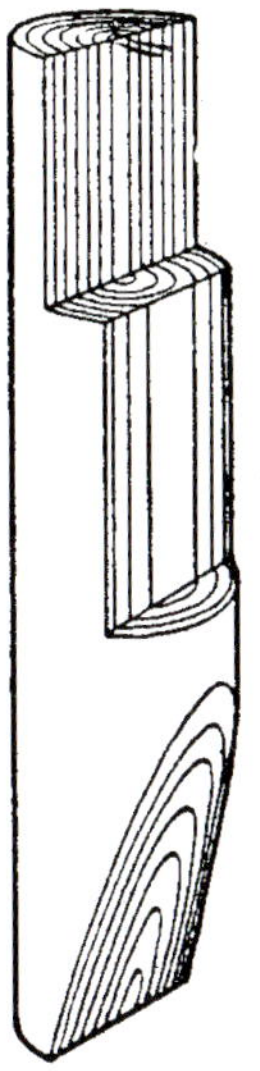

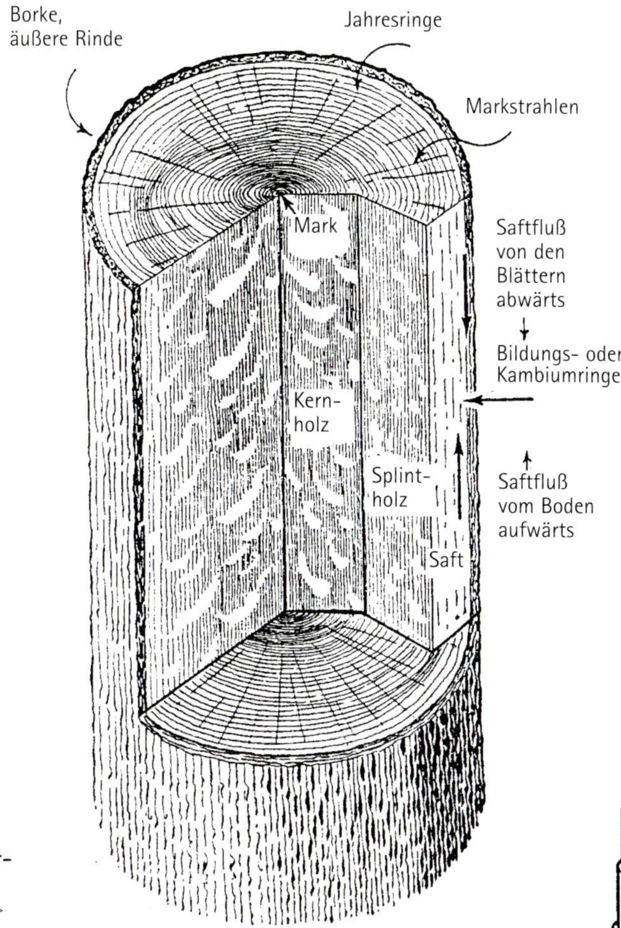


Schematischer Quer- und Längsschnitt durch eine Eiche. ▷

Längsschnitt durch eine Lärche mit deutlichem Unterschied zwischen Kern- und Splintholz. △

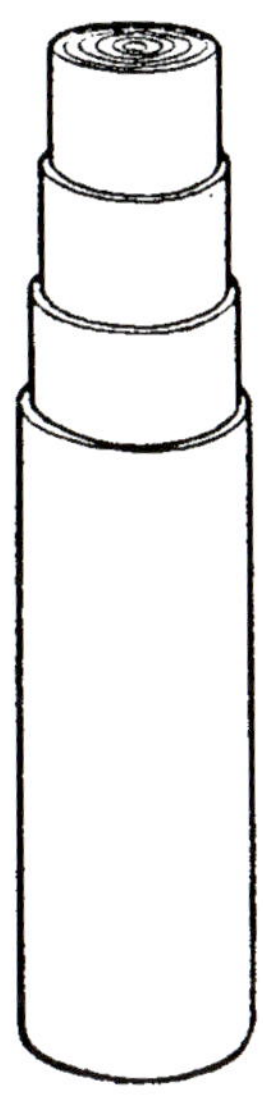

Vereinfachte Darstellung, wie ein Baum jedes Jahr um eine neue Schicht wächst.

**Bildungs- oder Kambiumring:** Sogenannte Verdickungsschicht. Ein stammumfassendes, teilungsaktives Gewebe bildet nach innen, zur Stammitte hin, Holzzellen, außen die Bastzellen als innere Rinde und Rindenzellen oder Borke als äußere Rinde. In dieser Weise wächst das Holz in der Regel um einen Ring pro Jahr. Während der Wintermonate ist das Wachstum gebremst, die ansteigenden Temperaturen im Frühling setzen die Zellenbildung fort, und so entsteht ein neuer Jahresring.
Rasches Wachstum im Frühjahr führt zu lockerem, hellem Frühholz, das in ein dichtes und dunkles, langsam gewachsenes »Spätholz« übergeht. Die Breite des Jahresringes kann je nach klimatischen Bedingungen von Jahr zu Jahr und von Stamm zu Stamm unterschiedlich sein. Bei rasch wachsenden Bäumen ist der Jahresring breiter als bei langsam wachsenden. Gleichmäßige Jahresringe sind wichtig für eine gute Qualität.
**Bast (innere Rinde) und Borke (äußere Rinde)**: Nach außen gebildet, geben sie dem Baum eine natürliche Schutzhülle.

Die Klassifizierung vom Holz erfolgt nach diesen Wachstumsmerkmalen: Wenn das Kernholz sich deutlich vom Splint abhebt, handelt es sich um einen **Kernholzbaum**, wie u. a. Kiefer, Lärche und Eiche; ist nur der Splint vorhanden, bezeichnet man dies als **Splintholzbaum**. Umschließt der Splint das Reifholz, handelt es sich um einen **Reifholzbaum**. Wenn alle drei Zonen in allmählichem Farbwechsel sichtbar sind, spricht man von einem **Kernreifholzbaum**.

## Auswahl und Beurteilungskriterien

Aus dem umfangreichen Angebot sind wenige Hölzer für die Verwendung im Freien geeignet. Nur ausgesprochen harte, dauerhafte Hölzer kommen hierfür in Frage.
Faktoren, die die Eignung und Qualität von Holz bestimmen, sind u. a. Bearbeitbarkeit, Festigkeit, Tragfähigkeit, Haltbarkeit und Aussehen des Holzes. Standort, Klima und Bodenverhältnisse beeinflussen die Qualität. So können zwei Bäume der gleichen Art in Wuchs und Holz ganz anders aussehen, wenn sie in unterschiedlichen Gegenden wachsen. Im Vergleich zum Holz aus der Ebene ist Holz aus höheren Lagen schwerer, widerstandsfähiger und hat schmälere Jahresringe.

## BEARBEITBARKEIT

Während manche Holzarten eindeutig einfach zu bearbeiten sind, ist dies bei anderen wesentlich schwieriger. Je nach Zellstruktur sind die Hölzer dichter oder weicher, die tropischen Harthölzer sind teilweise so dicht und hart, daß sie kaum gesägt werden können.
Zu der Bearbeitbarkeit gehört auch die Spaltbarkeit. Diese hängt vom Aufbau des Holzes ab. Tanne, Fichte, Lärche, Pappel, Linde, Eiche, Kastanie sind gut mit Axt und Beil zu spalten. Dagegen sind Birke, Hainbuche, Robinie, Ulme, Platane schwer spaltbar. Auch trockenes Holz ist nicht so leicht zu spalten wie grünes. Splintholz spaltet leichter als Reif- und Kernholz. Holz aus geschlossenen Beständen spaltet wegen der geringen Astbildung leichter. Besonders für die Bearbeitung von grünem Holz ist die Spaltbarkeit entscheidend.
Für die Bearbeitung sind das Schwinden und Quellen des Holzes von großer Bedeutung. Diese Eigenschaft, sich der Luftfeuchtigkeit anzupassen und einen Ausgleich zwischen dem Feuchtigkeitsgehalt des Holzes und außen zu schaffen, muß mit berücksichtigt werden. Sie beeinflußt, wie der Stamm geteilt wird, den Trocknungsvorgang, die Lagerung und schließlich den Bau selbst. In der Fachsprache wird davon gesprochen, daß Holz »arbeitet« – gemeint ist eine Veränderung im Volumen des Holzes, auch in verbautem Zustand. Wird mehr Feuchtigkeit aufgenommen, als das Holz bereits hat, quillt es. Je nach Saugfähigkeit des Holzes kann dies zu erheblichen Verformungen führen. Wenn Feuchtigkeit abgegeben wird, d.h. verdunstet, schwindet das Holz. Es wird kleiner, zieht sich zusammen und verformt sich; ein allmählicher Vorgang, der im Extremfall Risse verursacht. Die Auswirkungen dieses Prozesses sind nicht zu unterschätzen. Während für Holz im Innenraum die Bedingungen konstant gehalten werden können, gehören im Freien die Schwankungen zum Tagesablauf. Aus diesem Grund ist es wichtig, bereits beim Holzkauf darauf zu achten, wie der Stamm geschnitten wurde.
Die Feuchtigkeitswerte von Holz in den verschiedenen Stadien nach dem Fällen geben aufschlußreiche Hinweise auf die Problematik. Frisch gefällt haben Laubhölzer in der Regel 40 bis 60% und Nadelhölzer 50 bis 60% Feuchtigkeitsgehalt im Vergleich zu 10 bis 15%, jedoch höchstens 20% im luftgetrockneten Zustand.
Im Übergang vom frisch gefällten grünen Holz bis zum trockenen Zustand (Darrzustand) verändert sich die Abmessung des Holzes. Bei der Bearbeitungstechnik mit grünem Holz wird dieser Umstand ausgenutzt. Jedoch bei den konventionellen Bearbeitungsmethoden ist es unbedingt notwendig, daß das Holz fachgerecht trocknet, bevor die weitere Bearbeitung erfolgt.

## HALTBARKEIT DES HOLZES

Die Dauerhaftigkeit des Holzes hängt von der Art und den Wuchsbedingungen ab. Im allgemeinen sind Kern- und Reifholz dauerhafter als Splintholz, Hartholz ist dauerhafter als Weichholz, und Hölzer aus beständigen Lagen sind langlebiger als Hölzer, die dem ständigen Wechsel von Nässe und Trockenheit ausgesetzt sind. Holz von mittlerem Alter ist haltbarer als junges oder altes Holz. Eine Faustregel besagt: Je gesünder, trockener, fester und harzreicher das Holz, desto langlebiger. Die Werte in der Tabelle sind Richtwerte, die von einer fachgerechten Konstruktion ausgehen; sie können außerdem je nach den örtlichen Gegebenheiten und klimatischen Bedingungen variieren.

| Holzart | Lebensdauer im Freien (fachgerecht verbaut, ohne Behandlung) |
|---|---|
| Europäische Eiche | 50 bis 75 Jahre |
| Lärche | 20 bis 30 Jahre |
| Robinie | 15 bis 25 Jahre |
| Sequoia | 15 bis 25 Jahre |
| Western Red Cedar | 15 bis 25 Jahre |
| Fichte | 10 bis 25 Jahre |
| Douglasie | 10 bis 15 Jahre |
| Tanne | 5 bis 15 Jahre |

Rißbildung als Folge von Schwinden.

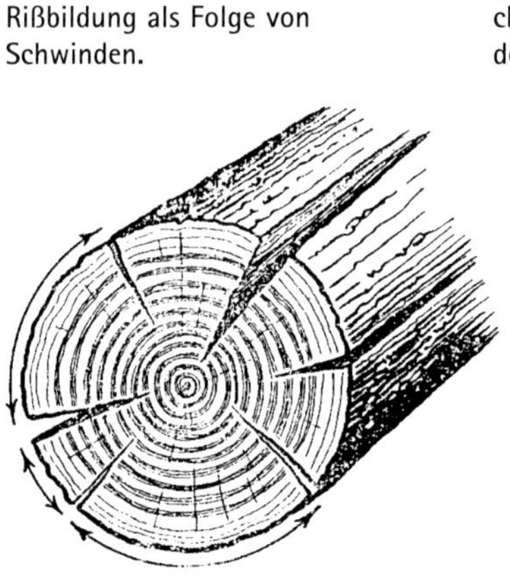

Schwinden verändert die Form und das Maß des Holzes. Bretter, geschnitten aus Holz, das unzureichend getrocknet wurde, schwinden und werfen sich.

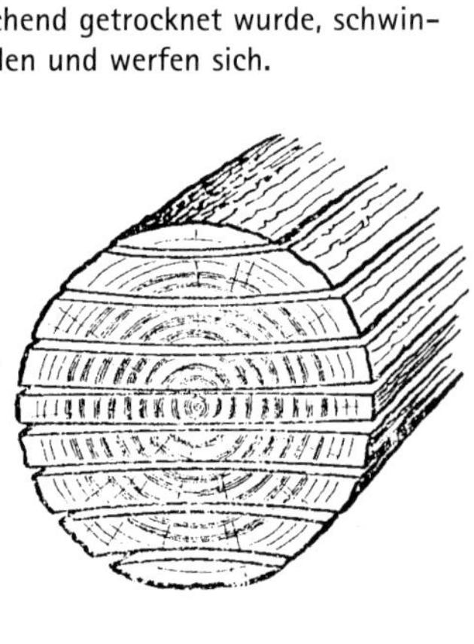

## AUSSEHEN UND FARBE

Farbe, Struktur und Porigkeit spielen eine große Rolle für das Aussehen des Holzes. Auch wenn die Farbe bei der Auswahl von Holz für Möbel, Parkett usw. oft entscheidend ist, ist für außen lediglich der Unterschied zwischen hellem und dunklem, grauem und rotbraunem Holz von Interesse. Da jedes Holz seine Farbe unter Witterungseinflüssen verändert, ist es falsch, vor der Verarbeitung das Holz allein wegen seiner Farbe in unverbautem Zustand auszusuchen. Je nach Holzart dunkelt es nach oder bleicht es aus. Die gebräuchliche Fichte z. B. verbräunt bei intensiver Sonneneinstrahlung und vergraut bei Beregnung und normaler Sonneneinstrahlung.

Maßgebend ist die zu erwartende Farbe nach einigen Jahren. Bei den meisten Hölzern ist die Farbe nicht gleichmäßig, eine gewisse Lebendigkeit gehört zum Charakter des Holzes. Hierbei wird wiederum zwischen dem jüngeren, helleren Splintholz und dem dunklen, älteren Kernholz unterschieden, wie auch zwischen Früh- und Spätholz.

Die Porigkeit des Holzes – ob grob oder fein, mit allen Zwischenstufen – hängt von der Zellstruktur ab. Feinporiges Holz hat kleinere, engere Zellen, grobporiges dagegen große Zellen. Die Struktur oder Maserung ist wie eine individuelle Handschrift jedes Holzes. Die Dominanz von Jahresringen und Markstrahlen variiert von Holz zu Holz. Leider kommen viele dieser Nuancen im Außenbereich nur selten zur Geltung.

---

### HÖLZER ZUR VERWENDUNG IM FREIEN

| | |
|---|---|
| Heimische Nadelhölzer: | Kiefer<br>Fichte<br>Lärche<br>Tanne |
| Importierte Weichhölzer: | Douglasie (wird auch angebaut)<br>Redwood<br>Weimouth-Kiefer<br>Western Red Cedar<br>Yellow Cedar<br>Western Hemlock |
| Heimische Harthölzer: | Eiche<br>Erle<br>Kastanie<br>Robinie |
| Sekundäre Harthölzer: | Birke<br>Esche<br>Ahorn |
| Hölzer für Naturholzarbeit und Flechtwerk: | Birke<br>Hainbuche<br>Hasel<br>Weide |
| Tropische Harthölzer: | Afzelia<br>Bongossi<br>Iroko<br>Lauan<br>Merbau<br>Greenheart<br>Padouk |

---

Neben der Gliederung in Kern-, Splint- und Reifholzbäume wird zwischen Hart- und Weichhölzern unterschieden. Harthölzer sind schwere Hölzer mit dicht gelagerten Zellen. Zu den Harthölzern gehören Eiche, Buche, Kastanie, Ahorn, Esche, Ulme, Hainbuche, Robinie und Nußbaum. Weichhölzer sind schwammig, leichter im Aufbau und weniger dauerhaft, die Nadelhölzer, Linden-, Pappeln-, Birken-, Weiden- und Erlenholz gehören zu dieser Gruppe.

Manchmal sind die Ausnahmen innerhalb dieser Trennung verwirrend, beispielsweise Balsa, ein Hartholz, das ausgesprochen weich ist, und auch eine kleine Gruppe von Halbhartholzbäumen wie Lärche, deren Zugehörigkeit nicht eindeutig ist.

Pitch Pine

Weimouth-Kiefer

Fichte

## Holz-Porträts

### WEICHHÖLZER (NADELHÖLZER)

Kurzzeichen nach DIN 4076/1 – Darrgewicht als Richtwert

**Kiefer,** Föhre (KI)
*Pinus silvestris*
Heimisches Holz erreicht erst mit 120 Jahren beste Qualität, vorher ist es weniger fest und harzreich. Höhe: 20 bis 40 m, Durchmesser: ca. 1 m. Ein Kernholzbaum mit breitem Splint, dünnem Mark und deutlichen Jahresringen.
Farbe: Kern und Splint gelblich, frisch gefällt rötlichweiß, getrocknetes Kernholz rotbraun (Red Deal). Das Splintholz ist bläueanfällig. Wegen ihres Harzgehalts ist Kiefer besonders geeignet zum Einsatz im Freien, mit ähnlichen Qualitätsmerkmalen wie Lärche und Eiche. Gut zu bearbeiten, im allgemeinen aber nicht fäulnisbeständig.
Darrgewicht: 510 kg/m$^3$

Neben der heimischen Kiefer sind auch andere Arten von Kiefernholz erhältlich:

- **Pitch Pine** (PIP)

*Pinus palustris mill.*
*Pinus caribaea*, früher *Pinus australis*
Auch Southern Pine genannt, aus Nordamerika. Wegen der unterschiedlichen Namen herrscht oft Verwirrung. Das richtige Holz ist ein ausgesprochenes Konstruktionsholz: schwer, hart, stark, zäh, grobfaserig, dicht, dauerhaft und harzreich, jedoch ziemlich schwer zu bearbeiten. Farbe: gelb, gelbrot, mit weißem Splintholz. Früher verwendet für Bahnschwellen.
Darrgewicht: 670 kg/m$^3$

- **Weimouth-Kiefer** (KIW)

*Pinus strobus*
Kieferähnlich, aber weicher, nicht so dauerhaft und leicht zu bearbeiten. Die Jahresringe sind weniger ausgeprägt. Das gelbliche Kernholz wittert zu einer hellbraunen Farbe.
Darrgewicht: 420 kg/m$^3$

- **Fichte** (FI)

*Picea abies* (s. Seite 125 oben)
Heimischer Reifholzbaum.
Höhe: 20 bis 50 m, die nach 80 bis 120 Jahren erreicht wird. Stammdicke bis 130 cm, verjüngt nach oben. Farbe: Kern und Splint rötlich oder gelbweiß, mit deutlichen Jahresringen, schlicht. Fester und harzreicher als Tanne, jedoch weniger hart als Lärche und Kiefer, deshalb weniger wetterfest, aber von großer Elastizität und leicht zu bearbeiten.

**Lärche** (LA)
*Larix decidula*
Heimisch, als Halbhartholz eingestuft. Wird bis zu 45 m hoch bei einem Durchmesser von 1 m. Kernholzbaum. Das Holz ist grob, gut spaltbar, schlicht, enthält weniger Harz als Kiefer und ist dauerhaft bei großer Elastizität. Es ist leicht zu bearbeiten. Farbe: Splint gelblich-weiß, Kern rot oder rotbraun, dunkler als Kiefer, bei altem Stamm gelegentlich geflammt. Wird nicht so viel gepflanzt wie Fichte und Tanne. Liegt in der Qualität zwischen Sommereiche und Kiefernholz. Im Freien schwitzt Harz aus und bildet einen Schutz vor Witterungseinflüssen. Gut geeignet für Bauteile im Freien, könnte breitere Verwendung finden.
Darrgewicht: 590 kg/m³

Lärche

**Tanne** (TA)
Weißtanne *(Abies alba)*, Silbertanne, Edeltanne *(Abies sp.)*
Heimisch. Längenwachstum mit 80 bis 120 Jahren erreicht. Durchschnittshöhe 40 m. Reifholzbaum, mit breitem Splint, harten Jahresringen und dünnem Mark. Weich, harzarm, gut spaltbar, biegsam. Leicht zu bearbeiten. Feinporig, schlicht (mit regelmäßig geradem, langfaserigem Wuchs). Neigung zu Astansätzen. Farbe: Weiß mit gelblich-rotem Anteil wie bei der Fichte. Kein Farbunterschied zwischen Kern- und Splintholz. Verträgt Lasierung und Anstrich. Vergraut im Alter. Dauerhaftigkeit geringer als die von Fichte.
Darrgewicht: 480 kg/m³

Tanne

**Douglasie** (DG)
*Pseudotsuga menziesii* 'Franco'
Aus Nordamerika, inzwischen auch in Europa gepflanzt, ein sehr ergiebiger Baum. Durchschnittshöhe 60 m, mit bis zu 2 m Durchmesser. Geradfaserig, mit klarem Früh- und Spätholz, wenige Äste, harzreich. Schwindet wenig bei fachgerechter Trocknung. Sehr gut für den Außenbereich geeignet und leicht zu bearbeiten. Splintholz helle Farbe, Kernholz dunkler, braunrot gestreift.
Darrgewicht: 510–540 kg/m³

**Redwood, Sequoia** (RWK)
*Sequoia sempervirens*
In Schweden, Nordamerika heimisch. Großer, gerader Baum von bis zu 100 m Höhe, mit breitem Stamm bis zu 4,5 m Durchmesser. Schlicht, weich, nicht harzreich, aber dauerhaft, leicht zu bearbeiten. Deutliche Jahresringe und starker Unterschied zwischen Früh- und Spätholz. Holzfarbe rotbraun.
Darrgewicht: 420 kg/m³

Douglasie

Western Red Cedar

**Western Red Cedar** (RCW)
*Thuja plicata*
Nordamerika. Großer Baum, Höhe bis zu 75 m, Durchmesser bis zu 2,5 m. Harzarm, weiches Holz, aber dauerhaft, gut zu bearbeiten. Stark aromatischer Geruch, hält viele Insekten ab. Rotbraune Farbe, wittert zu silbergrau. Verwendet u. a. für Holzdecks, Verschalung und Holzschindeln.
Darrgewicht: 370 kg/m$^3$
*Der Einsatz von Holzschutzmitteln ist nicht notwendig.*

**Yellow Cedar**
*Chamaecyparis nootkatensis*
Nordamerika. Höhe bis zu 30 m, Durchschnitts-Stammumfang 1 m. Farbe: hellgelb, riecht, wenn frisch geschnitten. Das Holz hat eine feine Struktur und gerade Fasern, es trocknet gut, schwindet kaum und ist leicht und gut zu bearbeiten.
Darrgewicht: 500 kg/m$^3$

**Western Hemlock** (HEM)
*Tsuga heterophylla*
Nordamerika. Gerader Baum, kann bis 60 m Höhe erreichen bei einem Durchmesser von 2 m. Das Holz ist schlicht, ast- und harzfrei mit klaren Jahresringen, leicht zu bearbeiten. Farbe: hellbraun. Nicht sehr dauerhaft im Freien, oft anstelle von Douglasie verwendet, obwohl es nicht die gleiche Festigkeit besitzt.
Darrgewicht: 480 kg/m$^3$

Eiche

## HARTHÖLZER (LAUBHÖLZER)

Von den zahlreichen heimischen und eingebürgerten Laubhölzern eignen sich nur wenige für eine einwandfreie Verwendung im Freien. Viele sind senkundäre Hölzer, die lediglich beschränkt einsetzbar sind, z. B. für Feldzäune oder Naturholzarbeiten.

**Eiche** (EI)
Von den vielen Eichenarten werden hauptsächlich die zwei heimischen Arten verwendet:

- *Quercus robur,* Stieleiche, Sommereiche

Höhe bis zu 40 m, Stammdicke bis zu 2 m, mit hellgelbem Splint und einem gelblichen, roten, rötlichen oder graubraunen Kern.

- *Quercus petraea,* Wintereiche, Traubeneiche

Bis zu 60 m Höhe mit gelblichem und härterem Holz als die Sommereiche.
Beide Eichenarten sind heimische, besonders langlebige Hölzer, in Mischwäldern oder als einzelne Feldbäume anzutreffen. Gekennzeichnet durch Kernholz mit scharf abgesetztem Splint,

gleichmäßige Jahresringe und Markstrahlenspiegel, neigen Bäume über 200 Jahre allerdings zur Kernfäulnis. Das Splintholz ist anfällig für Wurmfraß und Fäulnispilze. Langsam gewachsenes Holz ist leicht zu bearbeiten.
Eichenholz ist schwer, hart, dauerhaft, langfaserig, leicht spaltbar und gerbsäurehaltig. Diese letztgenannte Eigenschaft ist besonders wichtig für die Verwendung im Wasserbau, da die Gerbsäure fäulnishemmend wirkt. Wenn das Holz mit feuchten Eisenteilen in Berührung kommt, bekommt es blaue Flecken. Umgekehrt werden die Eisenteile angegriffen und rosten; es empfiehlt sich, nur verzinkte Messing- oder Holzverbindungsteile zu verwenden. Wegen des Gerbsäuregehalts ist Eichenholz gut anzufärben.
Die Haltbarkeit liegt im Trockenen bei 500 Jahren, im Wasser ist sie unbegrenzt, im Wechsel sind ca. 50 Jahre anzusetzen.
Ein hervorragendes, aber teures Holz, das nicht in großen Mengen erhältlich, aber vielseitig anwendbar ist: im Wasser- und Brückenbau, ebenso im Garten für Gartenbauten, Zäune, Pergolen und Spaliere.
*Der Einsatz von Holzschutzmitteln ist nicht notwendig.*

Eine Tischplatte aus Erlenholz

**Erle** (ER)
*Alnus glutinosa*, Schwarzerle
*Alnus incana*, Weißerle, Grauerle
Ein Splintholzbaum, das Holz ist weich, gut spaltbar, einfach zu schneiden, zum Bearbeiten ist scharfes Werkzeug erforderlich. Gut in ständiger Nässe, daher vielfach im Wasserbau verwendet. Weniger geeignet für ständigen Wechsel. Farbe: Bei beiden Erlenarten ähnlich, wobei, wie der Name andeutet, Weißerle heller und eher grau als rot, Roterle rotbraun bis graubraun ist. An der Luft belassen wird das Holz eindeutig röter oder orange.
Darrgewicht: ca. 530 kg/m$^3$

**Kastanie, Edelkastanie, Eßkastanie** (EKE)
*Castanea sativa*
Wächst nur in mildem Klima wie im Rheintal, ist im Mittelmeerraum heimisch. Ein Kernholzbaum; das Holz ist schwer, elastisch, gerbsäurehaltig und verfault daher nur schwer. In der Farbe ähnlich wie die Eiche; das Holz ist schlicht, manchmal »gewimmert«; letzteres führt zu Problemen bei der Bearbeitung. Im allgemeinen ist Kastanienholz aber leichter zu bearbeiten als Eiche. Das junge Holz ist gut spaltbar und ein ideales Material für Zaunlatten. Edelkastanie produziert bereits nach 12 Jahren Kernholz und eignet sich auch zur Haltung als Unterholz. In der Regel nur in kleineren Mengen erhältlich. Wird als Alternative zu Eiche verwendet, wobei auch hier auf die Verwendung von Eisenteilen zu achten ist, die wegen des Gerbsäuregehalts im Holz leicht korrodieren.
Darrgewicht: 560 kg/m$^3$

Kastanie

Robinie

**Robinie** (ROB)
*Robinie pseudoacacia*
Nicht heimischer, aber inzwischen eingebürgerter und weitverbreiteter, 20 bis 25 m hoher, schnellwachsender Kernbaum mit schwerem Holz; hart, elastisch, zäh, gut zu sägen, aber schwer zu spalten, von großer Dauerhaftigkeit. Schmaler Streifen, gelblichweißer Splint, Kern gelbbraun oder grüngelb, gelegentlich auch geflammt oder gestreift. Das Holz wittert zu Silbergrau. Immer häufiger für Kinderspielplätze verwendet, anstelle von kesseldruckimprägniertem Fichtenholz. Wichtiges Herkunftsgebiet ist Osteuropa, u. a. Ungarn.
Darrgewicht: 640–800 kg/m$^3$

Ahorn

## SEKUNDÄRE HÖLZER (FÜR FELDZÄUNE)

**Ahorn**
Bergahorn (AH), *Acer pseudoplatanus*
Heimischer Baum, weit verbreitet in vielen Arten, freiwachsend. Splintholzbaum, Holz mittelschwer, hart, fein, spaltbar, deshalb verwendet für Querriegel und Latten im Zaunbau, nicht gut geeignet für direkten Bodenkontakt. Farbe: weiß, gelbweiß, wittert zu Silbergrau im Freien.
Darrgewicht: 630 kg/m$^3$

Esche

**Esche** (ES)
*Fraxinus excelsior*
Heimischer Kernreifholzbaum mit breitem Splint, großem Mark, breiten Jahresringen. Das Holz ist schwer, gradfaserig, manchmal verstärkt Wimmerwuchs; es ist hart, fest, elastisch, grobporig. Farbe: hell gelbweiß oder grauweiß. Eschenholz ist gut zu sägen und zu bearbeiten. Die langen, geraden Äste werden als Bohnenstangen verwendet, 12 bis 25 Jahre altes Holz eignet sich für Feldzäune.
Darrgewicht: 710 kg/m$^3$

## TROPISCHE HARTHÖLZER

Die Verwendung von tropischen Hölzern ist mit Vorsicht zu überlegen. Wo eine heimische Holzart die erforderlichen Kriterien erfüllt, ist dieser stets der Vorzug zu geben. Dennoch ist es in manchen Situationen, in denen ausgesprochen witterungsfestes, dauerhaftes Holz gesucht wird, schwierig, die hervorragenden Eigenschaften von tropischen Harthölzern zu ignorieren – z. B. für Gartenmöbel und Holzdecks, im Wasser- und Brückenbau. In diesen Fällen sind allerdings ausschließlich tropische Harthölzer aus streng kontrollierten Plantagen zu verwenden. Hier wird das Holz gezielt gefällt und für neuen Wuchs gesorgt. Dies steht in keiner Relation zu den verheerenden Umweltschäden, die flächendeckende Rodungen verursachen.
Bei der Bearbeitung von tropischen Hölzern ist auf den Holzstaub zu achten. Viele der Hölzer enthalten Stoffe, die zu Allergien führen können. Hier sind entsprechende Sicherheitsvorkehrungen zu treffen.

Die Anzahl von tropischen Hölzern ist erstaunlich: Viele sind nur in kleinen Mengen erhältlich, andere sind der jeweiligen Mode unterworfen und nur für kurze Zeit aktuell. An erster Stelle werden im folgenden die jungen tropischen Harthölzer aufgeführt, die am meisten verwendet werden. Anschließend ist eine Auswahl von weiteren Hölzern genannt, die nicht in jedem Holzhandel erhältlich sind.

**Afzelia** (AFZ)
*Afzelia africana*
Senegal bis Kongo. Auch afrikanisches Mahagoni genannt. Das Holz trocknet langsam und schwindet kaum, es ist fester als Eiche, hart und schwer. Schwierig zu bearbeiten, das Werkzeug wird schnell stumpf. Farbe: hellbraun, frisch gesägt, dunkelt nach zu Rötlichbraun.
Darrgewicht: 720–800 kg/m$^3$

**Bongossi, Azobe** (AZO), Eisenholz
*Lophira procera, Lophira alata*
Aus den afrikanischen Tropen. Hartes Holz, schwindet wenig. Bongossi ist grob, dicht (Jahresringe sind ein Drittel-Millimeter breit), dunkelbraun, oft mit einem roten Schimmer. Gewicht wie Greenheart. Frisches Holz ist besser zu schneiden als trockenes, das auch schwer zu bearbeiten ist. Verwendet im Wasser- und Brückenbau.
Darrgewicht: 900–1100 kg/m$^3$

**Der Einsatz von Holzschutzmitteln ist nicht erforderlich.**
**Beim Kauf ist auf den Ursprung des Holzes zu achten.**
**Nur anerkanntes Plantagenholz kaufen.**

Afzelia

Teak

Iroko

**Teak** (TEK)
*Tectona grandis*
Burma, Thailand, Indien, Java, Laos, Karibik. Sehr begehrter Baum mit langem, geradem Stamm, erreicht 15 m Stammumfang. Das Holz ist widerstandsfähig, verzieht sich im Freien kaum und ist erkennbar am Geruch. Es ist schwierig zu sägen und zu bearbeiten. Teakholz hat eine grobe und unregelmäßige Struktur, mit einem hohen Anteil von Harz und Ölen, erkennbar an der leicht öligen Oberfläche. Farbe je nach Ursprung goldbraun oder dunkelbraun. Ebenso schwer wie Eiche, dunkelt es in der Sonne und mit den Jahren nach. Verwendung u. a. im Brückenbau und für Gartenmobiliar.
Darrgewicht: 640 kg/m$^3$

## WEITERE TROPISCHE HARTHÖLZER

**Greenheart** (GRE)
*Ocotea rodiaei*
Guayana. Sehr schweres, dichtes Holz, im Wasser dauerhaft, deshalb hauptsächlich im Wasser- und Schiffsbau verwendet. Besitzt hohe Biege- und Druckfestigkeit. In der Farbe braun mit leicht grünlichem Schimmer, mit feiner, gleichmäßiger Struktur, gradfaserig oder wechseldrehwüchsig.
Darrgewicht: 1110 kg/m$^3$

**Iroko, Kambala** (IRO)
*Chlorophora excelsa*
Aus dem tropischen Afrika. Hartes, dauerhaftes Holz, u. a. auch als afrikanische Eiche bezeichnet. Hell- bis gelbbraun oder dunkelbraun in der Farbe. Mit Teak vergleichbar, jedoch grobere Struktur. Gut zu bearbeiten, trotz des Gewichts. Viel verwendet in Großbritannien für Pergolen, Zäune, Lauben und auch Treppenauftritte.
Darrgewicht: 680 kg/m$^3$

**Lauan** (LAR)
*Shorea sp.*, rot
*Parashorea sp.*, weiß
Indien, Java, Philippinen. Eine große Gruppe von schweren Hölzern mit ähnlichen Eigenschaften, aber unterschiedlichen Farben. Sie sind fast alle fein, fest und zäh, schwer zu schneiden und zu bearbeiten.
Darrgewicht: 670 kg/m$^3$

**Merbau** (MEB)
*Intsia bijuga*
Ostafrika, Südasien. Gegenstück zur afrikanischen Afzelia. Braunrotes Holz, grob und gradfaserig, fest und nicht sehr elastisch. Es ist schwierig zu sägen und zu bearbeiten. Die rote Farbe wäscht bei Regen aus und wird unter Witterungseinflüssen blasser.

**Padouk, Padauk** (PAF)
*Pterocarpus sp.*
Westafrika, Burma, Indien, Sri Lanka. Hellbraunes Splintholz, hartes Kernholz, leuchtende Farbe: tiefrot bis braunpurpur, dunkelt nach.
Darrgewicht: 710 kg/m$^3$

# VOM BAUM ZUM BAUSCHNITTHOLZ

In unserer Supermarktkultur wird schnell vergessen, wo die Ware herstammt, denn das ordentlich gestapelte Bauschnittholz im Baumarkt zeigt kaum Spuren seiner Herkunft. Ursprünglich wurde nur das örtlich erhältliche Holz für die Arbeit im Feld sowie im und um den Garten verwendet. Daß die einfachen, zweckmäßigen Konstruktionen eine begrenzte Lebensdauer hatten, galt damals als selbstverständlich. Erst mit der zunehmenden Rolle des Gartens als Erholungsort und als eigenständiges künstlerisches Werk wurden die Konstruktionen aufwendiger und dekorativer. Nicht mehr der Zweck stand im Vordergrund, sondern zunehmend die künstlerische Wirkung. Das Holz aus den bescheidenen Quellen des Selbstversorgers reichte nicht mehr aus. Wesentlich größere Mengen von Holz beständiger Qualität sowie in passenden Längen und Querschnitten für eine rasche und wirtschaftliche Bearbeitung wurden gebraucht.
Heute arbeiten Waldwirtschaft und holzverarbeitende Betriebe mit dem gemeinsamen Ziel, nicht nur den Bedarf zu decken, sondern auch gleichbleibend hohe Qualität zu gewährleisten. Das Pflanzen von Bäumen und Aufforsten gehört selbstverständlich mit zum Zyklus von Pflegen, Ernten und Verarbeiten. Der Wald selbst ist wesentlich mehr als reiner Zuchtort, und die heutige Waldwirtschaft spielt eine bedeutende Rolle als Vermittler zwischen verschiedenen Aufgaben: der wirtschaftlichen Produktion, Erholung und Umwelt.

Frisch gefälltes Holz liegt zum Abholen bereit.

## Holzfällung

Früher wurden die Bäume für spezifische Zwecke von den Handwerkern ausgesucht und mit Hilfe des Waldarbeiters gefällt – ein Vorgehen, das heute nur mehr selten praktiziert wird. Heute erfolgt die Entscheidung über Fällreife in den bewirtschafteten Wäldern nach Plan und der Erfahrung des Försters. Die Fällzeit, ob Winter- oder Sommerfällung, ist stets umstritten. Der alten Regel zufolge sollte nicht im »Safttrieb« gefällt werden; eine Erfahrung aus langjähriger Praxis, die sich auf die Holzqualität bezieht. Egal, zu welcher Zeit gefällt wird, die richtige Behandlung nach der Fällung ist maßgebend. Ab diesem Zeitpunkt beginnt der vorsichtige Umgang mit dem Feuchtigkeitsgehalt des Baumes. Die Feuchtigkeit nimmt von 60 bis auf 20% und darunter ab. Je gleichmäßiger der Trockenvorgang erfolgt, desto besser ist die Holzqualität.
Bereits am gefällten Baum ist prüfbar, ob das Holz gesund ist oder nicht. Beim Klopfen an der Rinde ergibt gesundes Holz einen hellen Klang, während an kranken Stellen ein dumpfer Ton zu hören ist. Das gefällte Holz darf keinesfalls auf dem Waldboden liegen bleiben, sondern ist zum Schutz vor Bodenfeuchtigkeit, Sonne, Wind und Nässe zu stapeln. Verdunstungen am Hirnholz sind durch Anstrich zu reduzieren. Alle Maßnahmen haben das Ziel, gutes, gesundes und dauerhaftes Holz zu erzeugen.
Baumfällung ist weder eine einfache noch selbstverständliche Sache, sie ist mit Vorsicht und nur mit fundierten Fachkenntnissen auszuführen. In Privatgärten und in geschützten Gebieten ist zuerst zu prüfen, ob eine Fällgenehmigung beantragt werden muß. Kleine, freistehende Bäume unter 80 cm Stammumfang können unter Berücksichtigung der Sicherheitsvorkehrungen selbst gefällt werden. Bei größeren Bäumen, insbesondere auf engem Raum und in unmittelbarer Nähe von Gebäuden, ist es jedoch ratsam, einen erfahrenen Fachmann mit der Fällung zu beauftragen.

## Im Sägewerk

Die Transformation vom Baumstamm zum Baumaterial setzt sich fort im Sägewerk. Durch einen schnellen, wirtschaftlichen Schnitt wird möglichst viel brauchbares und qualitätvolles Schnittholz aus einem Stamm gesägt. Die ergiebigste Anzahl von Brettern und Bohlen liefern größere Stämme mit etwa 1 m Durchmesser. Je kleiner der Durchmesser des Stammes, um so weniger Teile lassen sich heraussägen. Kleinere Stämme werden nur entrindet und bekantet, ansonsten aber im ganzen belassen; Mittelgrößen hingegen können halbiert oder geviertelt werden. Zwei Schnittarten werden bevorzugt:

### Tangential- oder Fladerschnitt

Dieser Schnitt verläuft in Längsrichtung zum Stamm durch die verschiedenen Holzzonen und ergibt gleichmäßig starke Bretter, die von außen nach innen folgendermaßen bezeichnet werden:

- Schwartenbrett
- Seitenbrett
- Mittelbrett
- Herz- oder Kernbrett

Schwinden während des Trocknens führt zur Krümmung, was die Qualität des Holzes beeinträchtigt (s. Abb., Seite 122 rechts).

### Viertel- oder Radialschnitt

Hier wird quer zum Kern geschnitten, d. h. die Bretter liegen in Querrichtung zu den Jahresringen und zeigen die sogenannten »stehenden Jahresringe«. Das hat den Vorteil, daß das Holz sich beim Trocknen weniger wirft. Radialschnitt ist jedoch ein unwirtschaftlicher Schnitt mit viel Abfall. Die herkömmliche Methode besteht darin, den Stamm zu vierteln und dann in die einzelnen Bretter zu teilen.

Neben den üblichen, genormten Größen von Bauschnittholz kann selbstverständlich auf Sonderwunsch jede beliebige Abmessung und Aufteilung des Holzes im Sägewerk gesägt werden. Diese Sonderware ist rechtzeitig zu bestellen und mit Mehrkosten verbunden.

Nach dem Sägen wird das Holz besäumt, d. h. die Rinde wird mechanisch entfernt und das Brett umgekantet, indem die Längsseiten im rechten Winkel abgeschnitten werden. Anschließend wird das Holz zum Trocknen gestapelt.

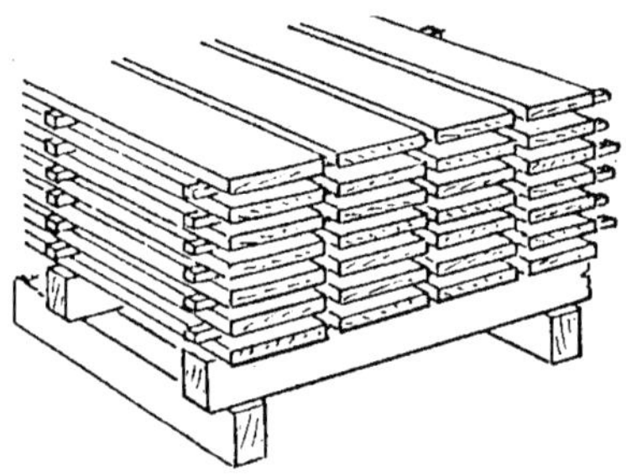

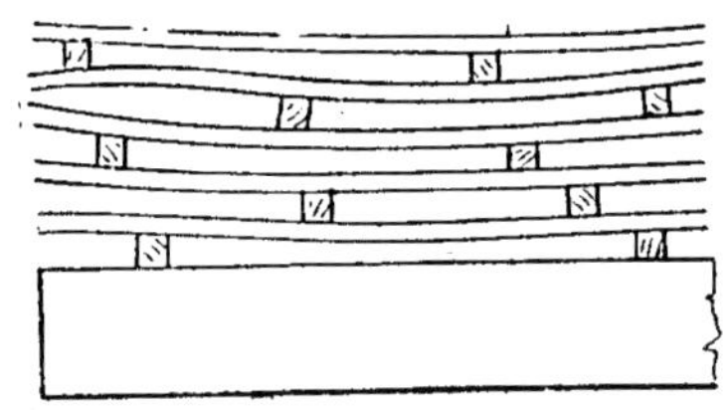

Holzstapel mit Abstandshalter; die Abstandshalter müssen von einer Stärke und in Flucht gesetzt sein, sonst wirft sich das Holz. Entnommen aus »Timber for Woodworkers«, Evans, 1959

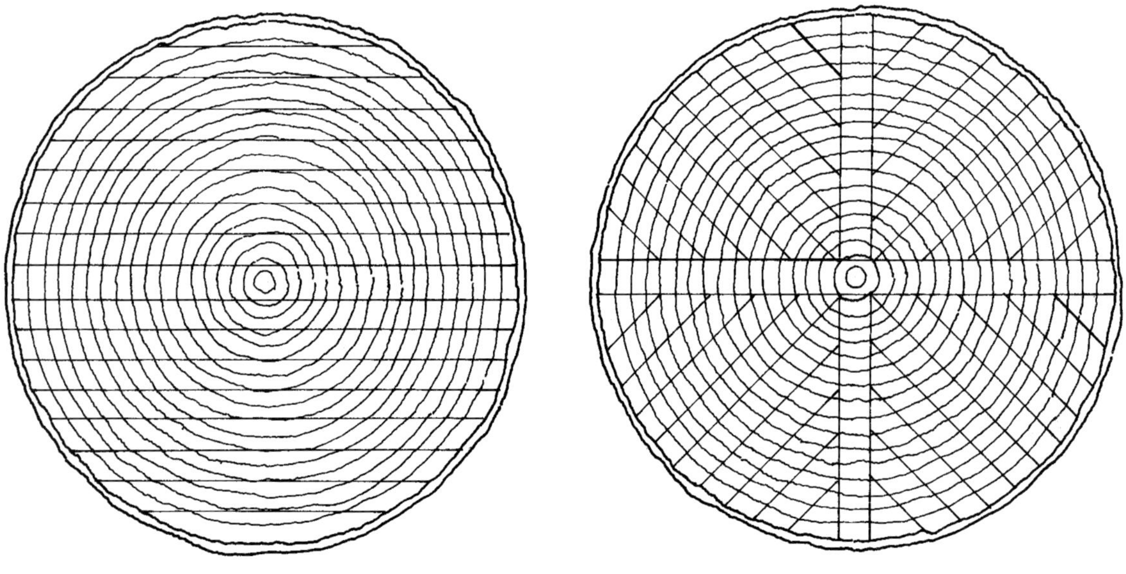

Schnittarten:
links:
Viertel- oder Radialschnitt
rechts:
Tangential- oder Fladerschnitt

## Trocknen und Lagern

Holz, das im Außenbereich verwendet wird, ist höherer Luftfeuchtigkeit und größeren Schwankungen ausgesetzt als im Innenraum. Aus diesem Grund ist es wichtig, auf fachgerecht getrocknetes Holz zu achten.
Das Trocknen, oft nur »Reifen« benannt, hat das Ziel, die Feuchtigkeit im Holz gleichmäßig zu reduzieren, ohne Risse zu verursachen und das Holz dadurch zu beschädigen. Das Material wird dadurch härter und in manchen Fällen schwieriger zu bearbeiten.
Nachdem die Stämme gesägt sind, werden sie gestapelt. Um ein gleichmäßiges Trocknen zu gewährleisten, sind die Hölzer auf einen Unterbau gestellt und in Block- oder Kastenstapel geschichtet. Abstandshalter, d. h. 2 x 2 cm starke Leisten, werden quer zwischen die Bretterschichten gelegt. Dadurch ist für eine gleichmäßige Verdunstung und Feuchtigkeitsaufnahme gesorgt. Das Eigengewicht des Holzstapels verhindert die Verformung des Holzes. Das Stirnholz wird gestrichen, um zu starkes Austrocknen zu vermeiden.
Der natürliche Trocknungsprozeß nimmt nicht nur Zeit, sondern auch Platz in Anspruch. Um die notwendigen Schnittholzmengen im baufertigen Zustand schneller zu liefern, wird im Sägewerk zunehmend auch in Spezialkammern künstlich getrocknet. Die Vorteile liegen neben der Qualitätskontrolle in der erheblichen Verkürzung des Zeitraums zwischen Fällen und Verwendung. Holz aus der Trockenkammer muß an einem ähnlichen Standort wie dem Einsatzort gelagert werden, damit es den erreichten Feuchtigkeitsgrad beibehält.

Der Feuchtigkeitsgehalt des Holzes kann nach der Faustformel errechnet werden:

**Originalgewicht ./. getrocknetes Gewicht = Wassergewicht**

Das Holz wird also vor und nach dem Trocknen gewogen. Ein spezielles elektronisches Feuchtigkeitsmeßgerät ermöglicht eine schnelle Überprüfung. Um allerdings ein richtiges Bild zu bekommen, müssen nicht nur an einer, sondern an mehreren Stellen Werte genommen werden. Die Ergebnisse von amtlich geprüften Meßgeräten sind maßgebend: Trockenes Holz hat höchstens 20% mittlere Feuchtigkeit, halbtrockenes höchstens 30%.
Bei vielen Holzarten, insbesondere bei Harthölzern, kann der natürliche Trockenvorgang nicht ersetzt werden. Wie ein guter Wein, so muß auch Holz reifen. Dieser natürliche und oft langwierige Prozeß dauert je nach Holzart unterschiedlich lang.

Eine Faustregel besagt:

**Für jeden Zentimenter Dicke 1 Jahr Trockenzeit**

Wobei auch zu berücksichtigen ist, daß in der Regel Winterholz langsamer trocknet als Sommerholz. Das Holz muß in klimatisch beständiger Umgebung weder zu feucht noch zu trocken fachgerecht gestapelt, überdeckt oder unter Dach gelagert und nach Bedarf umgeschichtet werden.
So manches Holzlager ist das Ergebnis jahrzehntelangen Umgangs mit Holz. Jeder Zimmerer oder Schreiner hat seinen eigenen Vorrat, manche besitzen wahre Sammlungen, in denen auch besonders kostbares Holz für den richtigen Zweck gelagert wird. Mit dem passenden Holz können schnell Reparaturen ausgeführt werden. Nach dem Prinzip der Selbstversorgung ist immer ein Vorrat von gutem, fachmännisch gelagertem Holz für den eigenen Bedarf griffbereit. Allzuoft verhindert Platzmangel allerdings das Aufbewahren oder Lagern noch von kleinsten Mengen Holz. Garagen, Dachböden, alte Schuppen und geschützte Zonen unter der Traufe sind gute Lagerplätze. Ohne diese Möglichkeiten muß für jedes Stück Holz der Holzhändler oder Baumarkt aufgesucht werden.

## Größen und Qualität von Baurund- und Bauschnittholz

Bauschnittholz und Baurundholz (erhältlich im Holzhandel oder Baumarkt) sind genormt. Dies ist eine wichtige und wertvolle Qualitätskontrolle, die Maßstäbe in Hinblick auf die Qualität und Größe und auch für die Bezeichnung setzt. Selbstgefälltes oder privat erworbenes Holz fällt nicht unter diese Norm. Hier ist mit einer größeren Toleranz bei den Holzgrößen und hinsichtlich der Qualität zu rechnen. Dieses Holz muß genau auf Schädlinge und andere Anzeichen für minderwertiges Holz geprüft werden. Vollholz, d. h. entrindete Rundhölzer und Bauschnitthölzer aus vollen Holzstücken, sind am geeignetsten für den Garten. Holz mit Rinde ist ausschließlich für Sonderzwecke, wie Naturholzarbeit, zu verwenden.

Die Benennung der Holzformate erfolgt nach Maßen und Querschnittsgröße, festgelegt in den einschlägigen DIN-Normen. Grundsätzlich wird Holz in Rundholz und die wesentlich größere Gruppe des Bauschnittholzes eingeteilt.

## RUNDHOLZ

Wie der Name besagt, handelt es sich hier um Holz mit rundem Querschnitt, das für rustikale Pergolen, Lauben, Rosenbögen und Trennwände Verwendung findet. Erhältlich ist es in drei Handelsklassen, wobei nur A und B für eine Verwendung im Freien in Frage kommen:

**Handelsklasse A**
Gute Beschaffenheit, gesund, geradschälig, vollholzig, fast astfrei, geringe Fehler, die den Wert des Holzes nicht beeinträchtigen.

**Handelsklasse B**
Gewöhnlich gesunde Hölzer mit unerheblichen Fehlern, entsprechend der Handelsklasse.

**Handelsklasse C**
Stark astig, abholzig, drehwüchsig, nicht geeignet für den Gebrauch.

## BAURUNDHOLZ

Nach DIN 4074 sind Baurundhölzer entrindete Rundhölzer – entweder nicht geschnitten und nicht behauen oder ein- oder zweiseitig geschnitten oder behauen. Die Maße weichen von Hersteller zu Hersteller ab.

## BAUSCHNITTHOLZ

Hier handelt es sich um die umfangreichste Gruppe von Bauholz, das in verschiedensten Querschnitten für sämtliche Arbeiten im Garten verwendet wird. Das Holz wird sägerauh oder gehobelt direkt vom Sägewerk geliefert. Die erhältlichen Größen sind von den einschlägigen DIN-Normen (DIN 4070) festgelegt. In DIN 68365, Bauholz für Zimmererarbeit, sind die einzelnen Arten von Bauschnitthölzern definiert:

- **Kanthölzer**

Hölzer mit quadratischem oder rechteckigem Querschnitt, wobei die Querschnittseiten mindestens 60 mm betragen müssen. Beläuft sich die Abmessung der größten Querschnittseite auf 20 cm oder mehr, wird das Holz auch als Balken bezeichnet.

Gängige Maße, erhältlich im Handel, sind u. a.:

| | |
|---|---|
| 60 x 60 mm | 95 x 95 mm |
| 60 x 100 mm | 95 x 115 mm |
| 70 x 70 mm | 115 x 115 mm |
| 80 x 80 mm | 115 x 135 mm |
| 90 x 90 mm | 120 x 120 mm |

Die Schnittklassen für Kanthölzer sind von S bis C gestuft, wobei in Schnittklasse S (Sonderschnittklasse) mit scharfkantigem Schnitt keinerlei Baumkanten zulässig sind, in A mit vollkantigem Schnitt nur zu einem Achtel, in B mit fehlkantigem Schnitt zu einem Drittel, und in C muß mindestens jede Seite in ganzer Länge von der Säge gestreift werden.

Laubengänge, Bögen und Pylone aus Rundhölzern in rustikaler Bauweise sind Bestandteile vieler Gärten. Hier vorgeschlagen für den Rosengarten, aus »Vie à la Campagne«, 1936

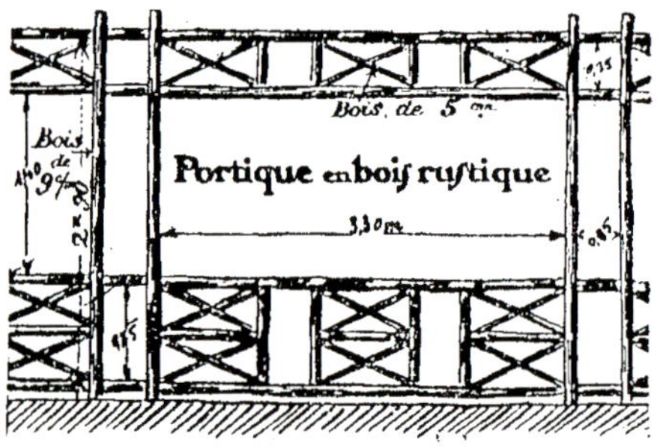


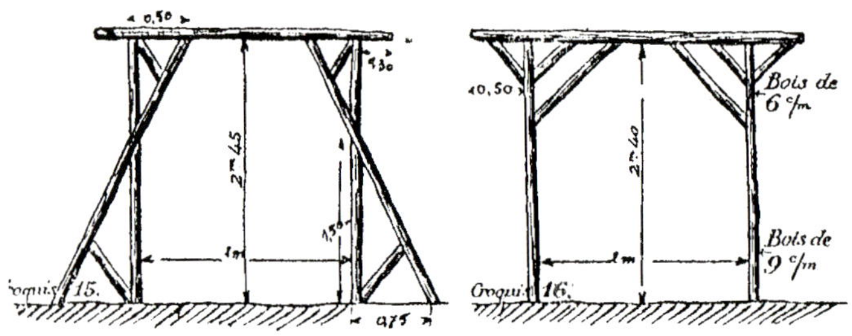

Kanthölzer, ungewöhnlich als Stufen und gleichzeitige Gliederung einer Rasenfläche eingesetzt. Ein interessantes Gestaltungselement, aber wegen des konstanten Bodenkontakts von kurzer Lebensdauer.

**Bretter und Bohlen**
haben rechteckigen Querschnitt mit mindestens 80 mm Breite und einer Dicke von mindestens 5 mm. Ist die kleinste Seitenlänge größer als 35 mm, wird das Schnittholz als Bohle bezeichnet. Gängige Rohmaße sind

für Bohlen 45–100 mm, u. a.:
45 x 90 (120) mm
58 x 120 (145) mm
60 x 140 mm

für Bretter 10–40 mm, u. a.:

| | |
|---|---|
| 16 x 130 (160) mm | 27 x 115 (135, 145) mm |
| 18 x 95 mm | 28 x 95 mm |
| 20 x 75 (95, 115) mm | 35 x 105 (155) mm |
| 21 x 145 mm | 36 x 115 mm |
| 25 x 96 (135) mm | 37 x 95 mm |

Das vielfältige Angebot an Brettern verschiedener Größe, Oberflächenbehandlung und unterschiedlichen Bearbeitungsgrades ist kaum erfaßbar. Unter anderem gibt es Bretter mit einseitig gerillter Oberfläche, gehobelt oder mit gefasten Kanten.

**Latten und Leisten**
haben quadratischen oder rechteckigen Querschnitt, die Querschnittmaße sind kleiner als die von Kanthölzern, Brettern und Bohlen. Gängige Maße sind:

| | |
|---|---|
| 15 x 30 mm | 35 x 35 mm |
| 24 x 48 mm | 35 x 55 mm |
| 26 x 45 mm | 34 x 70 mm |
| 30 x 50 mm | 40 x 60 mm |

## WEITERE HOLZFORMATE UND -GRÖSSEN

Zusätzlich zu den aufgeführten Bezeichnungen und Größen sind weitere Holzformate für besondere Zwecke erhältlich:

**Rundholzpflaster**
Höhe 10 oder 15 cm, Durchmesser von 8 bis 30 cm.
S. ausführliche Beschreibung auf Seiten 10 und 12.

**Kantholzpflaster**
Quadratische oder rechteckige Hölzer im Format:
10 x 10 x 10 oder 12 cm
10 x 16 x 20 cm
10 x 18 x 24 cm
S. auch Seite 10.

**Kiefernschwellen**
Auch Bahnschwellen genannt, glatt und auch mit geriffelter Oberfläche erhältlich.
1230 x 120 x 80 mm
1500 x 190 x 90 mm
1500 x 260 x 160 mm
2500 x 240 x 120 mm
2500 x 240 x 250 mm
S. auch Seite 10.

**Staketen, Staketenlatten**
Halbrundhölzer, 18 mm stark, in verschiedenen Breiten für den Zaunbau.

## GÜTEKLASSEN

Neben der Bezeichnung und den Maßen des Holzes ist es wichtig, mit den Merkmalen der Güteklassen vertraut zu sein. Für Arbeit im Freien werden hauptsächlich Güteklasse II, Bauschnittholz mit gewöhnlicher Tragfähigkeit, und Güteklasse III, Bauschnittholz mit geringer Tragfähigkeit verwendet. DIN-Norm 68365 regelt die Gütemerkmale der Güteklassen von Bauschnitthölzern aus Nadelholz (Fichte, Tanne, Douglasie und Kiefer) und Laubholz (ohne spezifische Holzarten zu nennen). Die beste Klasse ist 0 bzw. I abfallend bis Klasse IV. Das Holz ist begutachtet in Hinblick auf u. a. Farbe, Vorkommen von Ästen, Frostrissen, Wurm- und Käferfraß, Drehwuchs, Krümmung und Mistelbefall. Rinde und Bast sind in allen Güteklassen unzulässig. Am differenziertesten sind die Gütebezeichnungen für Nadelholz. Dies entspricht dem höheren Prozentsatz von Nadelholz auf dem Markt. Beispielsweise wurden 1996 in Deutschland über 14,3 Mio Kubikmeter Nadelschnittholz produziert, gegenüber 1,1 Mio Kubikmeter Laubschnittholz.

### BAUSCHNITTHOLZ AUS LAUBHOLZ
Dieses Holz wird nur in einer Normalklasse aufgeführt. Danach sind Rinde und Bast unzulässig, ebenso Frost- und Blitzrisse sowie Wurm- und Käferfraß. Ringschäligkeit und Drehwuchs sind nur in geringem Maß zulässig. Gesunde Äste sind zulässig, faule dagegen nicht. Gesondert aufgeführt ist Splint, in der Eichenholz nicht zulässig ist.

### BAUSCHNITTHOLZ AUS NADELHOLZ
Neben der Aufführung der zulässigen Gütemerkmale wird hier durch Unterteilung in Gruppen zwischen den Nadelholzarten unterschieden, wobei Fichte, Tanne und Douglasie zu einer Gruppe gehören und Kiefer gesondert aufgeführt ist. Detaillierte Angaben zur Güteklasse enthalten DIN 4074 und DIN 68365.

**Kanthölzer**
Es wird zwischen Sonder- und Normalklasse unterschieden. Nur gesundes Holz, frei von Wuchsfehlern und ohne Schädlinge, wie auch Holz, frei von Bläue, weder rot noch farbig, wird eingestuft als **Sonderklasse.**
In **Normalklasse** sind nagelfeste braune und rote Streifen zulässig, Blitz- und Frostrisse, Drehwuchs, Ringschäligkeit und Mistelbefall in geringem Maße sind zulässig, Insektenfraßstellen nur an der Oberfläche zulässig, Krümmung 4 mm je Meter zulässig.

**Ungehobelte Bretter und Bohlen**
Rot- und Weißfäule wie auch Rinde und Bast sind in allen Klassen unzulässig. Mistelbefall und Kernschiefer sind nur in geringem Maße in Güteklasse IV zulässig.
Nach der tabellarischen Aufführung in DIN 68365 ist eine klar detaillierte Qualitätsabstufung von Güteklasse 0–IV erkennbar:
**Güteklasse 0:** frei von Bläue, weder rot noch farbig, vereinzelt kleine Risse, nicht länger als die Brett- oder Bohlenbreite, keinesfalls durchgehend und nicht schräglaufend
**Güteklasse I:** vereinzelt leichtfarbige Vorkommen, vereinzelt Harzgallen bis 0,5 cm breit und 5 cm lang
**Güteklasse II:** leichtfarbig 10% der Oberfläche, Harzgallen mittelgroß bis 1 cm breit und 10 cm lang
**Güteklasse III:** mittelfarbig 40% der Oberfläche
**Güteklasse IV:** farbig, mehr als 40% der Oberfläche

**Ungehobelte Latten und Leisten**
Nur in zwei Güteklassen (I und II) gestuft, in beiden sind Rinde und Bast wie auch Kernschiefer, Rot- und Weißfäule und Mistelbefall unzulässig.
In **Güteklasse I** ist eine leichte Oberflächenfarbigkeit bis zu 10% zulässig, ebenso kleine Risse, die weder schräglaufend noch durchgehend sind. Die Abstufung **Güteklasse II** läßt mittelgroße Risse zu, jedoch nicht durchgehend, wie auch geringe Fraßstellen an der Oberfläche.

**Gehobelte Bretter und Bohlen**
Geteilt in Güteklasse I bis III. Nicht zulässig in allen Güteklassen sind Rinde und Bast, Kernschiefer, Wurm- und Käferfraß, Rot- und Weißfäule sowie Mistelbefall. Die Größenordnungen von weiteren Merkmalen sind progressiv abgestuft je nach Güteklasse.

**Gehobelte Latten und Leisten**
Latten und Leisten sind nur in zwei Güteklassen (I und II) erhältlich. Rinde und Bast, Kernschiefer, Rot- und Weißfäule wie auch Mistelbefall sind unzulässig.
In **Güteklasse I** sind weiterhin Ringschäligkeit und Wurm- und Käferfraß unzulässig. Kleine Äste bis 2 cm Durchmesser und kleine Risse, weder schräglaufend noch durchgehend, nicht länger als die Lattenbreite, sind erlaubt. Leichte Farbigkeit der Oberfläche bis 10% ist ebenso zulässig.
**Güteklasse II** ist eine entsprechende Qualitätsabstufung. Ringschäligkeit, Wurm- und Käferfraß (nur an der Oberfläche) in geringem Maß zulässig. Mittelgroße Risse, jedoch nicht durchgehend. Äste nicht mehr als die halbe Breite der Querschnittsseite, an der der Ast sitzt, sind erlaubt. Farbe ist zulässig, jedoch ohne Angaben zum Ausmaß.

## Tips zum Holzkauf

Qualitätsware bevorzugen, auf DIN-Normen und entsprechende Güteklassen achten.
Auch wenn die DIN-Normen Maßstäbe setzen, ist eine persönliche optische Überprüfung der ausgewählten Holzware zu empfehlen. Zu achten ist auf
- Wuchsfehler
- Rissebildung entlang der Markstrahlen oder am Hirnholz durch zu schnelles Trocknen
- Astbildung
- Bei längeren Brettern empfiehlt es sich, das Brett der Länge nach zu sichten, um zu prüfen, ob es gerade und nicht verdreht ist.

Vor Arbeitsbeginn ist es immer ratsam, die erhältlichen Größen zu prüfen und die Maße entsprechend anzupassen, nicht umgekehrt.

Benötigte Menge vor Baubeginn kalkulieren. Anhand einer Holzliste kann die entsprechende Menge gekauft oder bestellt werden.

Im Fachhandel einkaufen. Ein guter Holzhandel gibt fachliche Beratung, ist in der Lage, die aufgeführten Mengen zu überschlagen, und kann unter Umständen günstige Alternativen anbieten.

Bauschnittholz wird in den vorgeschriebenen Größen der DIN-Norm entweder als laufender Meter, als Kubikmeter oder als fertige Stückware verkauft.

Ungeschnittenes Holz direkt vom Sägewerk wird als Kubikmeter verkauft.

Wer viel mit Holz arbeitet, ist gut bedient, einen eigenen Vorrat zu halten.

Nur ausgesprochen versierte und handwerklich geschickte Personen sollten mit überschüssigem oder »Rest«-Material arbeiten.

Holzbau ist eine Wissenschaft für sich. Sie umfaßt alle technischen Aspekte des Bauens mit Holz und erfordert umfangreiches Know-how. Zwischen Bauwerken und Gartenelementen aus Holz liegen allerdings Welten. Objekte, für deren Realisierung von der Planung bis zur Ausführung ein hohes Maß an Fachkenntnis notwendig ist – wie z.B. Lärmschutzwände und Brücken –, müssen versierten Spezialisten überlassen werden. Gartenhäuser und Kleingartenhäuser sind mit Holzgebäuden vergleichbar, nur kleiner, und werden am besten von Fachfirmen ausgeführt. Im allgemeinen gehören dagegen Einfriedungen, Pergolen, Spaliere, Lauben und Bodenbeläge zu den einfachen und überschaubaren Holzkonstruktionen. Für die ausgebildeten Fachkräfte, wie Zimmerer und in manchen Fällen Garten- und Landschaftsbauer, gehört deren Ausführung zur Tagesarbeit.
Bei allen Arbeiten ist die Qualität der Ausführung maßgebend. Wer ein Objekt aus dem Katalog oder direkt im Handel erwirbt, muß in der Lage sein, gute Ware von schlechter zu unterscheiden. Bei der Qualitätsfrage wird der Unterschied zwischen fundierter Fachkenntnis und Praxis des Profis und dem Enthusiasmus des Heimwerkers deutlich. Für den Heimwerker gilt, vor Arbeitsbeginn den Schwierigkeitsgrad abzuschätzen und ehrlich abzuwägen, ob die Ausführung im Rahmen des Machbaren liegt. Grundvoraussetzungen sind:

- vertrauter Umgang mit dem gängigen Werkzeug
- Kenntnis einfacher Holzverbindungen.

### Im Freien bestimmt die Qualität der Ausführung die Dauerhaftigkeit

Erst wenn die einzelnen Holzteile zusammengebaut werden, nimmt das Objekt in der Gesamtheit die gewünschte Form an. Im Freien bestimmt dabei die Ausführung die Dauerhaftigkeit. In dieser Hinsicht ist die Art, wie die jeweiligen Teile miteinander verbunden und befestigt sind, von großer Bedeutung, ebenso die Gestaltung von Übergängen und Anschlüssen an anderes Material.

Der Pavillon steht seit zwei Jahren frei im Garten, jedem Wetter ausgesetzt. Als einziger zusätzlicher Schutz neben einer fachgerechten Konstruktion wurde er mit einer Lasur eingelassen. Auf Wunsch des Bauherrn sollte der Pavillon nicht wuchtig wirken und trotzdem Platz für sechs Personen und einen Rundtisch bieten. Ausgezeichnet durch seine schlichte, leichte Erscheinung, wurden die Seiten nicht verschalt, sondern nur zum Windschutz mit Plexiglas verglast. Bis auf wenige Teile besteht der Pavillon aus Brettschichtholz. Die Dachdeckung ist aus Pappschindeln mit besandeter Oberseite. Wenn man nicht so geübt ist in Dachdeckung, können die Schindeln anfangs etwas aufstehen, durch die Sonneneinwirkung legen sie sich mit der Zeit und passen sich der Dachform harmonisch an.

Zu beachten ist:

- die entsprechende Holzart für die Beanspruchung auswählen
- die passende Holzgröße für den Zweck. Es ist zwischen Konstruktionshölzern für Stützen, Pfosten und Balken mit tragender Funktion, Querriegeln, die über oder zwischen Pfosten angebracht sind, und Füll- oder Verblendhölzern, wie Lamellen an Pergolen oder Latten an Zäunen, zu unterscheiden. Die Fähigkeit, Druck aufzunehmen, ohne die Form zu ändern, ist bei Konstruktionshölzern von großer Bedeutung. Diese Eigenschaft ist nicht nur von der Holzart, sondern auch vom Querschnitt bestimmt. Da bei im Freien verbauten Hölzern die Festigkeit mit der Zeit abnimmt, wird immer mit erheblichen Sicherheitsfaktoren gerechnet.
- fachgerecht ausgeführte Holzverbindungen
- die richtige Bodenverankerung.

Viele alte Holzbauten, die wir heute bewundern, wurden mit riesigen Hölzern gebaut. Mit dem heutigen Wissen ist diese Überdimensionierung nicht mehr nötig. Bei neuzeitlichen Bauten werden die notwendigen Querschnitte für die Holzteile durch statische Berechnung ermittelt. Im Garten, wo die Konstruktionen wesentlich einfacher sind, werden allgemeine Erfahrungswerte zur Dimensionierung der Konstruktionshölzer eingesetzt.

**Arbeitsschritte vor Ausführungsbeginn**

- Maße vor Ort nehmen.
- Örtliche Gegebenheiten berücksichtigen.
- Maßstabsgerechte Skizze oder Zeichnung fertigen.
- Über die Verbindungsart entscheiden.
- Anhand der Zeichnung die Holzliste erstellen, wie auch die Liste der Metall- und sonstigen Teile.
- Entsprechendes Werkzeug in einsatzbereitem Zustand bereithalten.

**Vor der Montage bzw. Einbau am Ort**

- Vorbereitungsarbeiten, wie Roden von Bewuchs, vornehmen.
- Ebenheit überprüfen bzw. Unebenheiten beseitigen.
- Überprüfung der Waagerechten.
- Fundamentlöcher graben.

# Holzverbindungen

Von den zahlreichen Verbindungsmöglichkeiten ist, je nach Situation, die geeignetste auszuwählen. Hierbei spielen der Charakter des Bauwerks, die Gestaltung und die zu übertragenden Kräfte eine maßgebende Rolle. Egal welche Verbindung eingesetzt wird, Ziel ist es, eine dauerhafte und stabile Verbindung herzustellen. Von den drei Verbindungsarten sind nur zwei für Arbeiten im Freien geeignet:

- Zimmermannsverbindungen und
- ingenieursmäßige Verbindungen, auch mechanische Verbindungen genannt, u. a.:
  - Dübelverbindungen
  - Nagelverbindungen
  - Holzschraubenverbindungen.
- Verleimung scheidet im allgemeinen wegen des beschränkten Einsatzes im Freien aus. Nur hochwertige Spezialleime, aufgebracht von Fachfirmen in der Werkstatt, können großflächig verwendet werden. Zur Unterstützung einer zimmermannsmäßigen Verbindung kann wasserfester Leim eingesetzt werden (s. Seite 31).

Während die Teile für Dübel-, Nagel- und Holzschraubenverbindungen in jeder Baufachhandlung erhältlich sind, muß die Zimmermannsverbindung grundsätzlich individuell hergestellt werden.

## ZIMMERMANNSVERBINDUNGEN

Die traditionellen Zimmermannsverbindungen, entwickelt über Jahrzehnte, machen ein großes Verständnis für Holz und seine Eigenschaften deutlich. Durch direkten Kontakt der Holzteile miteinander werden die Kräfte (Zug-, Druck-, Querkraft usw.) von einem Teil zum anderen übertragen. Die Fertigkeit, viele der komplizierten Spezialverbindungen auszuführen, hat in der Regel nur der Fachmann. Die Verbindungen sind funktionelle, materialgerechte Teile von großem ästhetischen Wert, wahre Beispiele von »Form und Funktion«. Jede von ihnen wurde für eine bestimmte Situation entwickelt. In engem Zusammenhang mit den traditionellen Zimmermannsverbindungen steht die Arbeit mit grünem Holz. Hier werden eher die zweckmäßigen, einfachen Verbindungen als hochentwickelte Formen eingesetzt. Aus dem reichen Vokabular von Verbindungen sind nur wenige gängige hier aufgeführt. Die Bezeichnung für die jeweilige Verbindung ist von Region zu Region unterschiedlich, was manchmal zu Verwirrung führen kann. Wer sich in dieses Fachgebiet vertiefen möchte, dem sei empfohlen, eines der Fachbücher zu studieren.

Alle Zimmermannsverbindungen

- setzen Verständnis für das Material voraus, d. h. die Kenntnis der statischen Eigenschaften von Holz, die Übertragung und Verteilung von Kräften.

- fordern exaktes Arbeiten. Maßgearbeitet sind die Verschiebungen so gering, daß die Anschlußstellen trotz möglichem Schwinden und Quellen vor Witterungseinflüssen geschützt bleiben.
- sind arbeitsintensiv
- machen größere Holzquerschnitte erforderlich als andere Verbindungsarten. Der Querschnitt von heute erhältlichem Bauholz ist erheblich geringer als früher, wodurch es schwieriger wird, einige Verbindungen auszuführen. Die Kontaktflächen sind durch Nägel, Schrauben oder Bolzen gegen Abheben oder Verschieben zu sichern.

### Tips zur Ausführung

- Schnittlinien mit Winkeleisen vorzeichnen: »zweimal messen, nur einmal schneiden«
- Immer mit scharfem Werkzeug arbeiten.
- Schritt für Schritt arbeiten.
- Maße einhalten.

### Einsatz von Holzverbindungen

*Längsverbindungen*
Hier ist die Beanspruchung der Bauteile entscheidend. Gängige Verbindungen: *gerader Stoß, schräger Stoß, versetzter Stoß, gerade Überblattung, Hakenüberblattung, schräge Überblattung, Pfettenstoß.*

*Quer- und Eckverbindungen*
*Zapfen (einfache, doppelte durchgehende), Überblattung, Hakenblatt, Kamm, Kreuzkamm, einfacher, abgesetzter Winkelzapfen.*

*Schrägverbindungen*
Die ausgewählte Verbindung hängt von den Kräften und Holzlängen ab.
*Stirnversatz, Fersenversatz, doppelter Versatz.*

## STÖSSE

Stoßverbindungen sind die einfachsten aller Verbindungen. Im Grunde handelt es sich um keine richtigen Verbindungen, da die Holzteile nicht miteinander verzahnt werden, sondern lediglich aneinanderstoßen.
Variationen sind:

- Stumpfer Stoß, ein gerader Anschluß von Fläche an Fläche im rechten Winkel.
- Schräger Stoß, abgeschrägt im 60°-Winkel.
- Versetzter schräger Stoß, wobei die Hölzer jeweils zur Hälfte der Hirnfläche im 45°-Winkel abgeschrägt aneinanderstoßen.
- Gehrungsstoß, ein stumpfer Stoß für Eckverbindungen, der zusätzlich gesichert werden muß (beispielsweise mit Bauklammern).

## ÜBERBLATTUNG

Eine Querverbindung, bei der zwei gleichdicke Hölzer übereinandergelegt oder ineinandergefügt werden. Nur Zug- und Druckkraft werden übertragen. Die Variationen dieser Verbindung, angepaßt an Funktion und Stärke des Holzes, sind vielfältig.

- Bei der gewöhnlichen Überblattung, die auch gerades Blatt genannt wird, wird jeweils zur Hälfte der Höhe und in der Länge die doppelte Höhe beider Hölzer herausgeschnitten. Die Hölzer werden bündig aufeinander gesetzt.

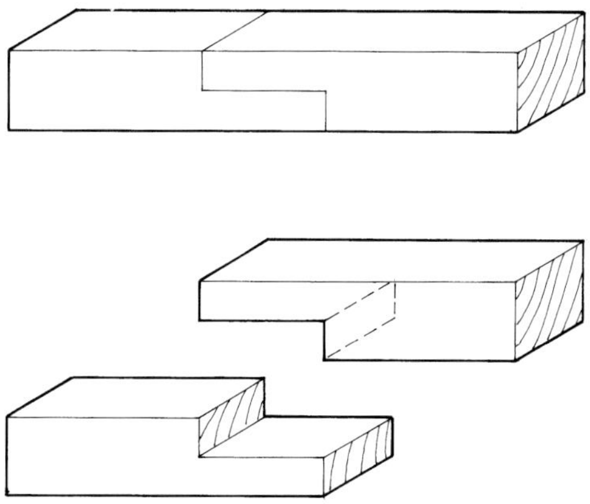

Gerade Überblattung

- Die einfache Überblattung, auch Kreuzblatt genannt, gibt es im rechten und im schiefen Winkel. Die oberen und unteren Teile sind zur Hälfte ausgeschnitten und fügen sich so ineinander.

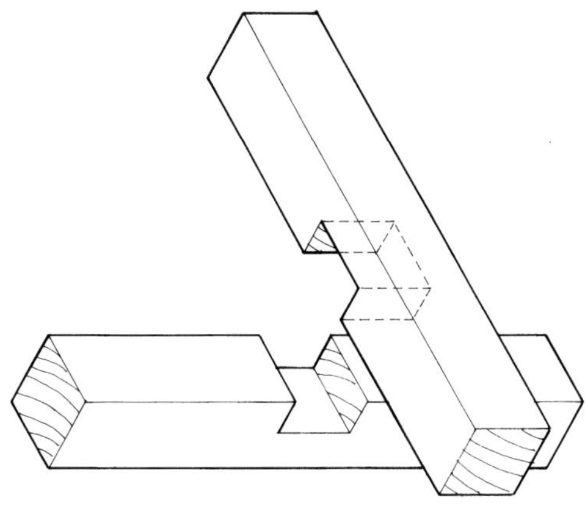

Einfache Überblattung
oder Kreuzblatt

Das Eckblatt, auch Halbecküberblattung genannt, wird häufig verwendet. Hier werden die Hölzer jeweils zur Hälfte der Höhe und Breite ausgeschnitten. Diese Verbindung ist auf jeden Fall gegen Verdrehung zu sichern.

Halbecküberblattung
Ausführung einer Halbecküberblattung, siehe auch Ausführung eines Rosenbogens Seite 43.

Schnittlinien in halber Höhe und Länge, entsprechend der Breite des Holzes genau messen und aufreißen.

Entlang der Schnittlinie ersten Einschnitt bis zur vormarkierten Tiefe vornehmen. ▷▷

Mit einem Stechbeitel und Klopfholz Schicht für Schicht das Holz entfernen.

Feinarbeit mit Handführung vornehmen, bis der gewünschte Ausschnitt erreicht ist. Vorgang auf der anderen Hälfte wiederholen. ▷▷

Verkämmung, auch Überblattung, Überschneidung. Von den beiden Hölzern wird nur eines zur Hälfte in der Höhe angeschnitten, das obere Holz fügt sich in vollem Querschnitt in die Aussparung. Während Druck- und Zugkräfte aufgenommen werden, ist die Verbindung nicht gegen Seitenschub oder Abheben gesichert und muß entsprechend befestigt werden (s. Spielhütte, Seite 62).

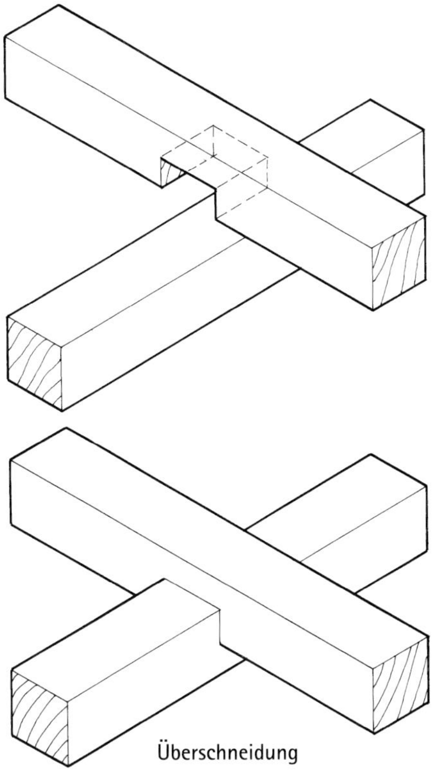

Überschneidung

Gerade Hakenüberblattung, auch gerades Hakenblatt genannt. Eine sehr stabile Verbindung als Weiterentwicklung der Überblattung, bei der die Hölzer ineinander verzahnt sind. Sie nimmt Druck- und Zugkräfte in Längsrichtung auf, Längsverschiebung wird verhindert.

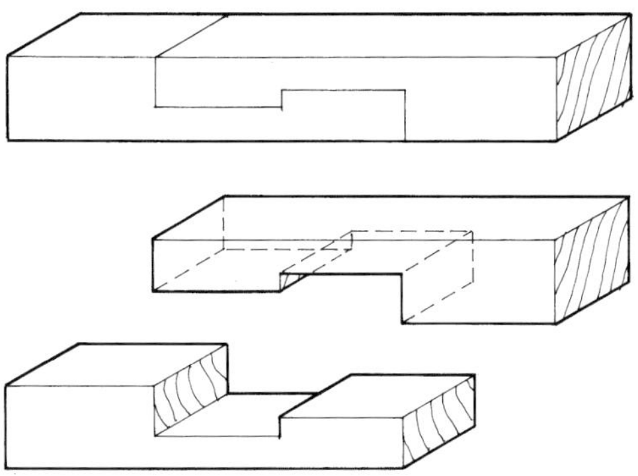

Gerade Hakenüberblattung

## ZAPFENVERBINDUNGEN

Hierbei handelt es sich um eine sehr stabile, häufig angewendete zweiteilige Verbindung, bestehend aus einem Zapfen und dem Zapfenloch. Die Hölzer werden entweder als Längs-, T- oder Eckverbindung ineinandergefügt. Für die Konstruktion im Freien werden hauptsächlich T- und Eckverbindungen verwendet. Das Zapfenloch sollte mindestens 0,5 cm tiefer sein als die Zapfenlänge, um eine Veränderung der Druckübertragung durch Schwinden und Quellen zu berücksichtigen.

**T-Verbindungen:** Hier wird ein Holz mit als Zapfen gearbeitetem Ende in eine genau ausgemessene und herausgearbeitete Aussparung gesteckt. Wenn beide Hölzer gleich dick sind, beträgt die Breite des Zapfenlochs ein Drittel vom Holz. Das Hirnholz des Pfostens ist durch das daraufliegende Teil geschützt.

Der *gerade Zapfen* ist eine versteckte Verbindung und nach der Fertigung schwierig zu überprüfen. Für eine lange Lebensdauer muß die Verbindung fachmännisch ausgeführt werden.

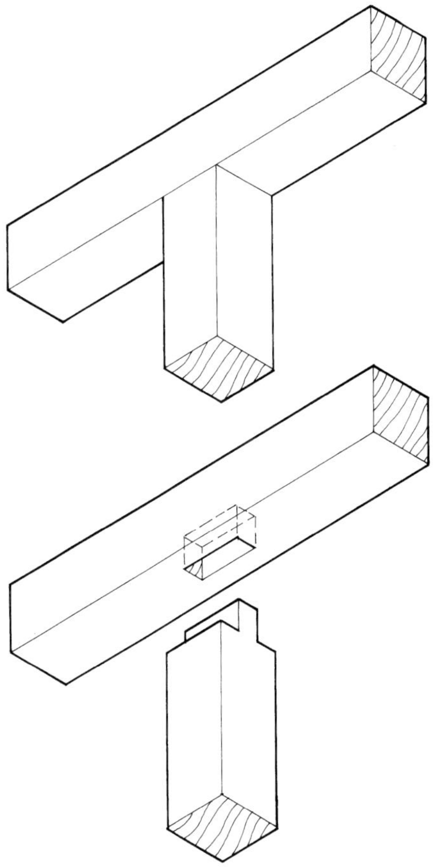

Gerader Zapfen

Der *durchgehende gerade Zapfen* – gelegentlich auch mit Keilen, die lose eingesetzt und eingetrieben werden – ist in vielen Fällen im Freien besser geeignet als der gerade Zapfen (s. Abb. S. 141)

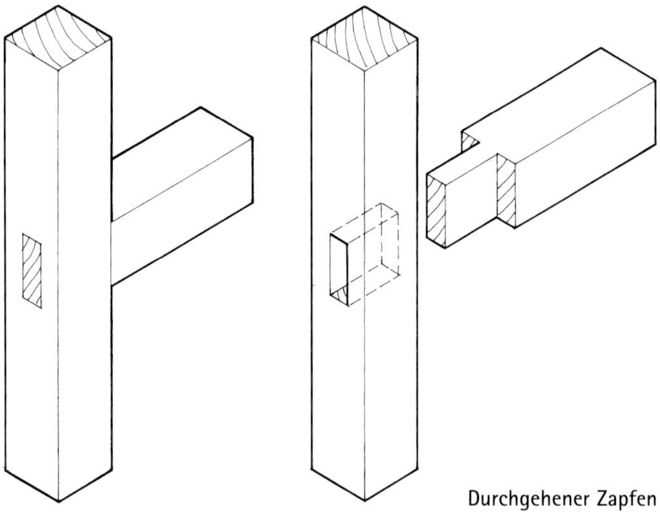

Durchgehener Zapfen

**Eck-Verbindungen:** Der einfache, abgesetzte Winkelzapfen ist schwächer als eine T-Verbindung und nicht für den Außenbereich zu empfehlen.

Der *Scherzapfen* ist eine einfache Verbindung für Ecken, z. B. an Spalieren, und wird traditionell für Sparrenstöße am First eingesetzt.

Heute werden viele Zapfen gefräst bzw. maschinell gestemmt und nicht, wie in der traditionellen Methode, ausschließlich mit einem Klopfholz und Stemmeisen gefertigt. Die Zapfenlänge hängt von der Holzbreite des Paßstücks ab, die Zapfendicke beträgt in der Regel ein Drittel der Holzbreite.

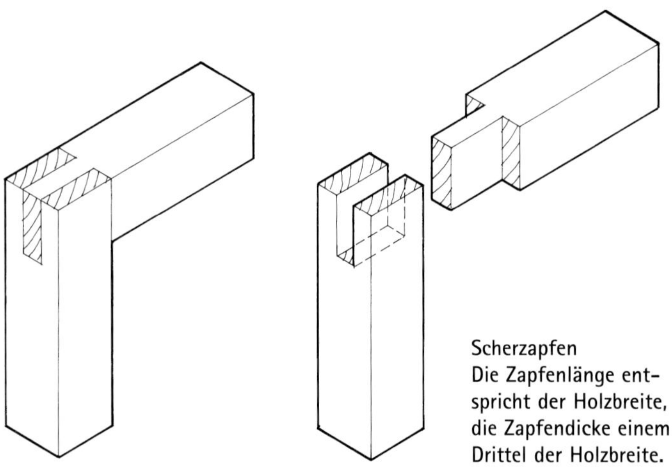

Scherzapfen
Die Zapfenlänge entspricht der Holzbreite, die Zapfendicke einem Drittel der Holzbreite.

## VERSATZUNG

Für Dachkonstruktionen wird die Versatzung als schräge Verbindung zwischen Sparren und Balken oder Pfosten ausgearbeitet. Die beiden Hölzer bilden einen Winkel. Die Einschnitttiefe und der Winkel hängen von den zu übertragenden Kräften sowie dem Querschnitt der Streben ab und werden berechnet. Von den vielen Variationen dieser Verbindung sind hier nur die gängigsten genannt.

**Stirnversatz** aus zwei Hölzern mit demselben Querschnitt. Die Streben stoßen im vorberechneten Winkel an der Stirn ein Sechstel tief in die Balken bzw. die Pfette ein.

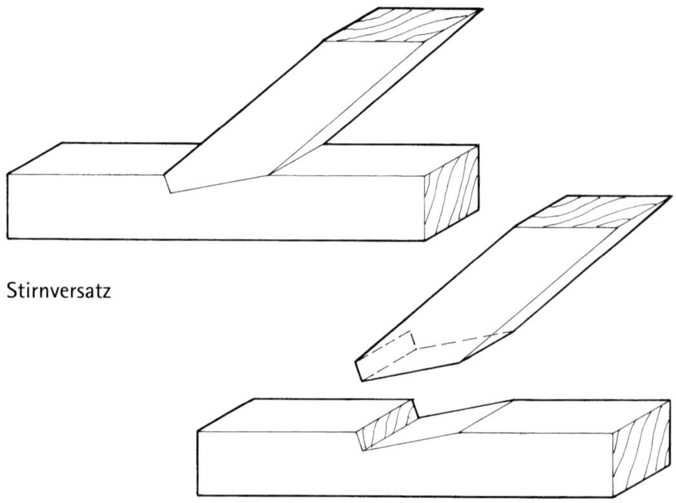

Stirnversatz

**Fersenversatz,** auch Rückversatz genannt. Besteht aus einem schrägen Schnitt, mit der Stirn im rechten Winkel zur Achse des antreffenden Holzes.

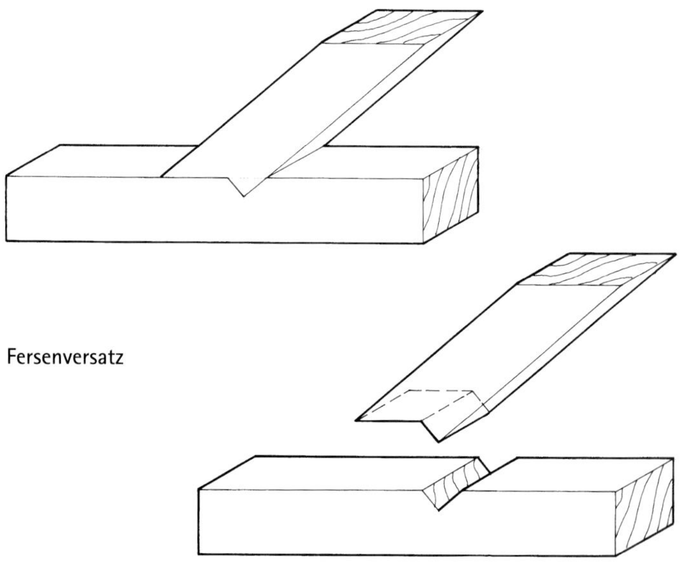

Fersenversatz

**Doppelter Versatz,** auch Stirn- und Fersenversatz genannt, wird für den Anschluß von großen Druckkräften ausgearbeitet. Er ist aufwendig herzustellen, die Tiefe der Versatzeinschnitte wird rechnerisch ermittelt.

Alle Versätze werden durch einen Schraubenbolzen oder beidseitig angebrachte Bauklammern gesichert.
Zur Durchführung eines identischen Anschnitts bei sich wiederholendem Versatz empfiehlt es sich, eine Schablone mit genauen Winkelangaben zu fertigen. Zur Sicherung gegen seitliche Verschiebungen werden Heftbolzen, Lochblechplatten oder Brettlaschen angebracht.

## KREUZVERBINDUNG

Auch Überklauung, Klauenverbindung oder einfache Kerve genannt. Sie bildet auf die volle Breite der Sparren eine sitzende Verbindung, die in ihrer Winkelneigung und Größe paßgenau ausgeführt werden muß.

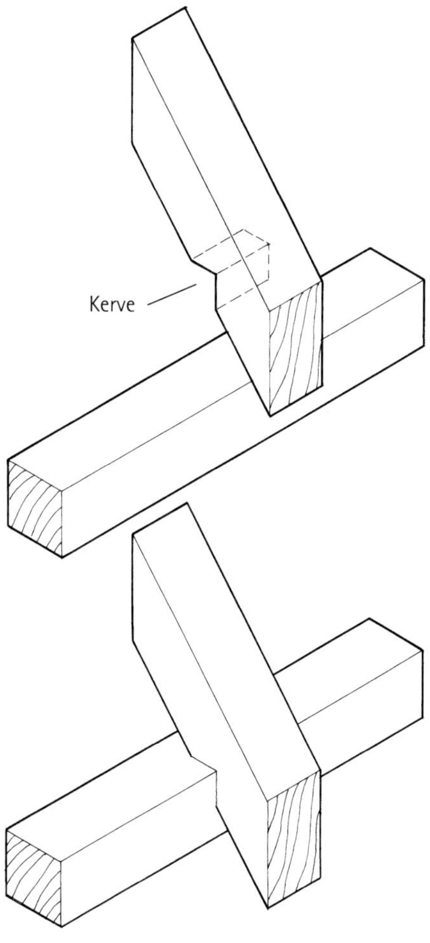


**Überklauung**

## ZINKEN

Eine Eckverbindung, bei der zwei Teile im rechten Winkel durch Verzahnungen miteinander verbunden werden. Eingesetzt für jede Form von Kastenbau, z. B. für Sandkästen, Frühbeete usw.

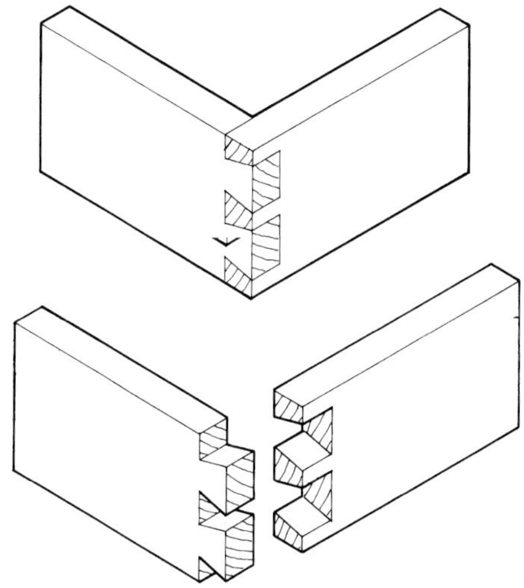

**Zinken**

## BRETTERVERBINDUNGEN

Auch Breitenverbindungen genannt, angewendet für Verkleidung und Verschalung, horizontal oder vertikal anzubringen: In einfachster Form stumpf gestoßen, Brett an Brett durch Nägel, Klammern oder Schrauben gesichert.
Abwandlungen sind:

- Stumpfer Stoß mit Querleisten, die in einfachster Form auf die Bretter aufgenagelt, ansonsten paßgenau in eine Führung geschoben werden.
- gefalzt, überfalzt
- gespundet
- Nut-und-Feder.

Bei bündigen Flächen das Quellen und Schwinden des Holzes mit berücksichtigen.

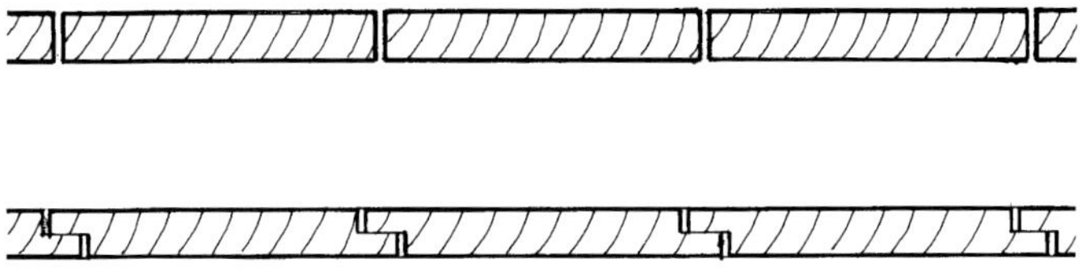

**Bretterverbindungen:**
**Oben: stumpf gestoßen, unten: gefalzt**

## SCHALUNGEN

Schalungen werden sowohl zur Dachdeckung wie auch für Außenwandverkleidungen eingesetzt.

Stülpschalung, auch Rollschalung genannt, ist eine waagerechte Außenverkleidung. Die Bretter überdecken sich und sind leicht nach außen gestellt, wobei der Zwischenraum zwischen dem Unterbauholz und Rücksitz der Schalung die Breite des Brettes beträgt.

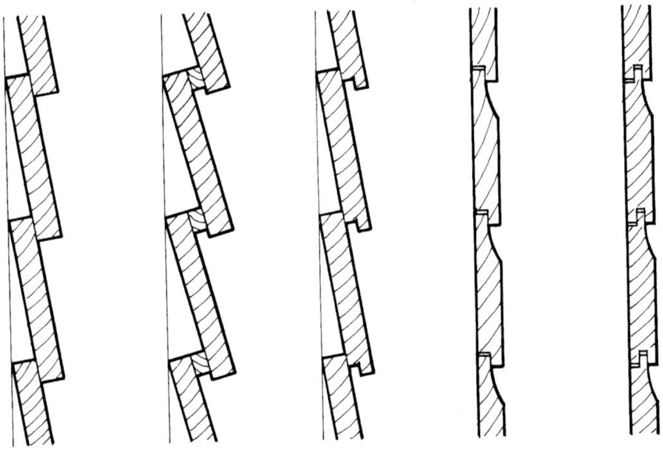

Schalungen von links nach rechts:
- einfache Rollschalung, auch Stülpschalung genannt (für das Dach der Spielhütte verwendet)
- Rollschalung mit Latten
- Rollschalung mit Tropfnase
- Falzschalung
- Spundschalung mit Tropfnase (Wasserschlagschalung)

Deckelschalung wird oft bei Bretterzäunen verwendet. Die Bretter werden mit ca. halber Brettbreite Abstand aufgenagelt. Darüber sitzen Bretter der gleichen Breite, die das darunterliegende Brett 2,5 bis 3,5 cm überdecken. Als Kriecher (Schlupfer) werden die unteren Bretter, als Deckel (Decker) die oberen bezeichnet. Die Kernseite wird immer nach außen gerichtet und an den Unterbauhölzern mit Nägeln befestigt.

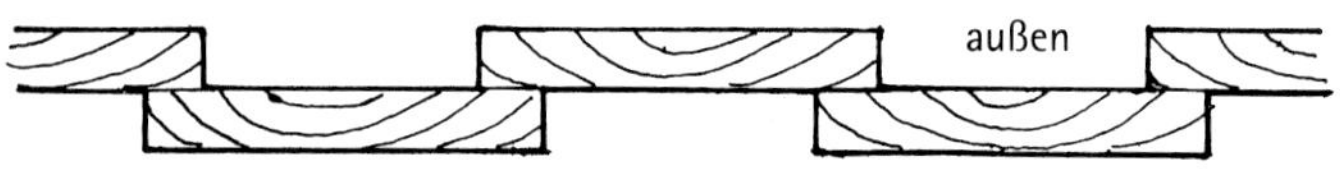


Deckelschalung

Gefugte Schalung

Die Bretter stoßen stumpf aneinander; eine sehr einfache und nicht besonders winddichte Verschalung.

Stumpfer Stoß mit Deckleiste, auch Deckleisten-Verbretterung oder gefugte Schalung mit Deckleisten genannt. Die senkrechten Bretter sind mit Fugen nebeneinandergesetzt, wobei 3 bis 7 cm breite Leisten über die Stoßstelle genagelt werden (s. hierzu auch Seite 69 und 72).

Deckenleistenschalung

Gefalzte Schalung, Falzschalung

Durch das Ineinanderfugen der Bretter mit Hilfe von Falzen ist ein großer Grad von Winddichte und Zusammenhalt gewährleistet. Die Falze können maschinell oder von Hand ausgeführt werden.

## AUSSENVERKLEIDUNG AUS SCHINDELN

Holzschindeln werden zur Dachdeckung oder Wandverkleidung aus Western Red Cedar, Fichte, Tanne, Lärche, Eastern White Cedar, Zeder oder Eiche gesägt und/oder gespalten. Sie sind gleich breit, aber keilförmig in der Dicke, d. h. unten vier- bis sechsmal stärker als oben. Die Wandschindeln sind in verschiedenen Maßen, gerade oder gebogen, erhältlich.

**Wraylands Sommerhaus von Amedega, ausgeführt in Western Red Cedar mit Dachschindeln aus demselben Material. In manchen Ausführungen ist das Sommerhaus auf einer drehbaren Scheibe erhältlich.**

Gängige Maße sind:

| Breite | Länge | Dicke |
|---|---|---|
| 5– 8 cm | 16–18 cm | 1–6 mm |
| 7–35 cm | 41–46 cm | 1,5(2,5)–10 (12) mm |

Dachschindeln sind nach DIN 68118 genormt, 30 bis 60 cm lang und 10 bis 35 cm breit. Sie werden von unten nach oben in versetzten Reihen an die Unterkonstruktion genagelt. Während Dach- und Wandschindeln oft bei historischen Bauten anzutreffen sind, werden sie selten für Neubauten eingesetzt. Im Garten stellen Schindeln oft eine ideale, sehr gefällige Verkleidung für Gartenhäuser und kleine Bauten dar.

## HOLZDÜBEL

oder auch Holznägel genannt, sind zylindrische Hölzer, in der Regel aus Eiche, die in einem vorgebohrten Loch als zusätzliche Verbindung eingeschlagen werden. Holznägel werden in Kombination mit zimmermannsmäßigen Verbindungen eingesetzt, um diese gegen Abheben oder Verschieben zu sichern. Überstehend oder bündig schaffen diese eine stabile und dauerhafte Verbindung. Heute ersetzen meist Stabdübel aus Metall die Holzdübel.

## INGENIEURMÄSSIGE VERBINDUNGEN

Heutzutage haben die ingenieurmäßigen Verbindungen die traditionellen zimmermannsmäßigen Verbindungen in vielen Fällen ersetzt. Sie sind schneller auszuführen, erfordern weniger handwerkliches Geschick, sind angepaßt an die Standard-Holzquerschnitte und verfügen über die notwendige tragfähige Verbindung. Für jede Situation ist allerdings die passende Verbindungsart auszusuchen. Bei sämtlichen aufgeführten Metallverbindungen ist auf einen Korrosionsschutz zu achten, nur feuerverzinkte, Messing- oder in Ausnahmen teure Edelstahlverbindungen sind einzusetzen. Im Freien empfiehlt es sich, die Verbindungen wegen der Witterungseinflüsse eher in Kombination mit den traditionellen zimmermannsmäßigen Verbindungen vorzunehmen.

### DÜBELVERBINDUNGEN

Dübel sind besonders geformte Teile aus Leichtmetall, Stahl und Temperguß. Voraussetzung für ihren Einsatz ist Holz von mindestens Güteklasse II. Bei den Dübeln besonderer Bauart wird je nach Einbaumethode unterschieden zwischen:

- Einlaßdübel: In Vertiefungen gesetzt und verwendet bei Nadel- und Laubhölzern
- Einpreßdübel: Mit einem Schlagring einzutreiben, nur verwendet bei Nadelhölzern. Erhältlich je nach Einsatzgebiet mit ein- oder zweiseitigen Verzahnungen. Zu dieser Gruppe gehören Geka- und Bulldogdübel.
- Einlaß- und Einpreßdübel.

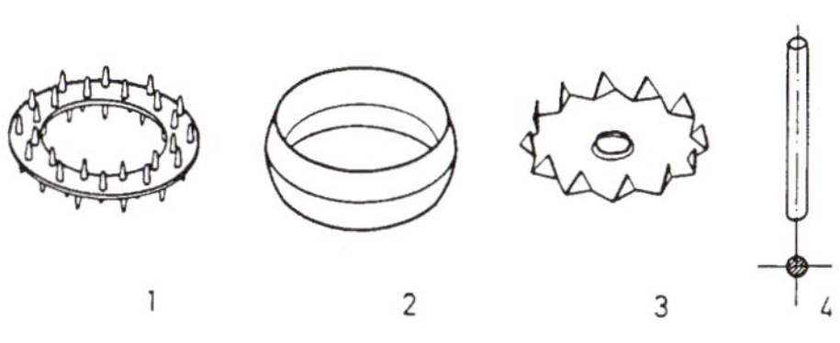


**Dübelverbindungen**

■ Stabdübel und Bolzen
Stabdübel werden häufig für tragende Verbindungen eingesetzt. Die Bohrlöcher sind entsprechend dem Nenndurchmesser des Stabdübels vorzubohren. Mindestens 4 Stabdübel mit oder ohne Kopf und Mutter, sog. Paßbolzen, sind zu verwenden.
Die Schraubenbolzen sind fest anzuziehen und müssen nach einiger Zeit, falls das Holz geschwunden ist, nachgezogen werden. Um die Klemmwirkung zu sichern, sind die Unterlegscheiben auf der Kopf- und Mutterseite anzuordnen. Die Unterlegscheiben sollen sich beim Anziehen der Bolzen nicht ins Holz eindrücken, weshalb nur großflächige Unterlegscheiben nach DIN 1052 verwendet werden sollen.

## NAGELVERBINDUNGEN

Nägel werden schon lange als Verbindung eingesetzt. Sie werden in erster Linie auf Zug und Abscheren beansprucht. Je nach Situation und Beanspruchung müssen die passenden Nägel aus dem umfangreichen Sortiment ausgewählt werden, u. a. Drahtstifte, Rundmaschinenstifte und verschiedene andere Arten. Die Benennung erfolgt durch Angabe der betreffenden DIN-Nummern (z. B. DIN 1151 Drahtstifte) sowie des Durchmessers (in 1/10 mm) x Länge (in mm). Die Tabellen der DIN 1052 geben wertvolle Richtwerte für Nagelgröße und Holzdicke.

Nagelverbindungen von links nach rechts: Drahtnagel, Rillennagel, Schraubnagel

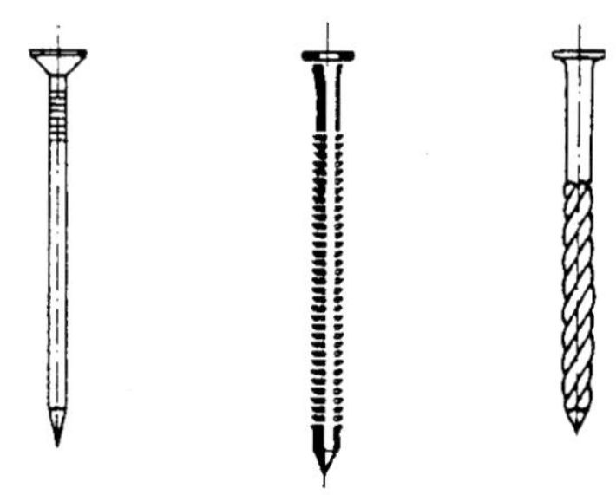

Nagelgrößen und Holzdicke nach DIN 1052

| Drahtnägel mit Senkkopf nach DIN 1151 | Verwendung für Holzdicke in mm von/bis | bevorzugt für |
|---|---|---|
| 28 x 65 | 20-22 | |
| 31 x 70 | 20-24 | 22 |
| 34 x 90 | 20-28 | 22, 24 |
| 38 x 100 | 24-35 | 26, 28 |
| 42 x 100 | 26-40 | 30, 35 |
| 46 x 130 | 30-50 | 40 |
| 55 x 140 | 40-60 | 40, 50, 55 |
| 60 x 180 | 55-70 | 60 |
| 70 x 210 | 60-80 | 70 |
| 75 x 230 | 70-80 | 80 |
| 80 x 260 | 80 | |

nach: Taschenbuch für den Garten-, Landschafts- und Sportplatzbau

Nägel bis ca. 90 mm Länge werden mit einem Latthammer eingeschlagen, der ca. 600 g schwer ist. Je nach Länge wird ein entsprechender Universalhammer (bzw. Schlosserhammer) verwendet (z. B. bei einer Nagellänge von ca. 210 bis 310 mm 1500 bis 2000 g Hammergewicht).

| Nägel | Hammer |
|---|---|
| <90 mm | ca. 600 g |
| 90-160 mm | ca. 1000 g |
| 180-310 mm | ca. 1500-2000 g |

### Arbeiten mit Nägeln
■ Nägel, die schräg eingeschlagen werden, ergeben eine stabilere Verbindung.
■ Überstehende Nägel über einen liegenden Nagel biegen und im Holz zurückklopfen, nicht flach in die Oberfläche des Holzes klopfen.
■ Schweren Hammer für große Nägel, leichten Hammer für kleine Nägel verwenden. Gerade zielen, Holzbeschädigungen vermeiden.
■ Aufplatzen des Holzes vermeiden. Nägel weder dicht nebeneinander in eine Holzfaser, noch zu nahe am Hirnschnitt oder den Seitenkanten einschlagen. In den Randbereichen empfiehlt es sich manchmal, die Hölzer vorzubohren:
Bohrer ø = Nagel ø x 0,8 (z. B. 13-mm-Bohrer für 16-mm-Nagel).
■ Nagelabstand berücksichtigen. Die Spaltgefahr hängt vom Nageldurchmesser ab. Bei einfachen Nagelverbindungen von zwei Teilen Nägel diagonal einschlagen, bei vier Nägeln diese im Quadrat oder Rechteck anordnen.

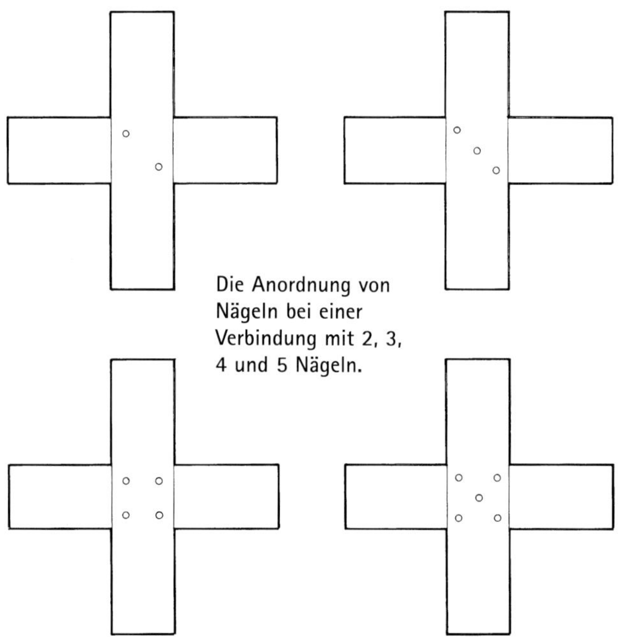

Die Anordnung von Nägeln bei einer Verbindung mit 2, 3, 4 und 5 Nägeln.

**Nagelverbindungen mit Stahlblechformteilen**

Eine schnelle, einfache Methode, Holzteile miteinander zu verbinden. Sie haben die zimmermannsmäßigen Verbindungen in vielen Fällen ersetzt, da für ihre Montage nur wenig Geschicklichkeit und kaum Vorkenntnisse erforderlich sind. Die Verbindungselemente selbst sind allerdings von geringem optischen Wert. Es handelt sich um feuerverzinkte Bleche, die je nach Format in Dicken von 2 bis 3 mm, mit vorgebohrten Löchern und in vielen Formen, passend zu den Holzquerschnitten und dem Belastungsgrad erhältlich sind.
Spezielle Kamm- oder Rillennägel werden fachgerecht und ohne Vorbohrung in das Holz eingeschlagen. Je nach Anzahl der Scherflächen spricht man von ein-, zwei-, drei- oder mehrschnittigen Scherflächen.
Stahlblechformteile sind in der Regel nur an Hölzern mit ebenen Flächen, wie z. B. Kanthölzern, anzubringen. Mittlerweile gibt es die Holzverbinder auch für Rundhölzer. Sie eignen sich gerade für Pferdekoppeln und Zäune gut. Aus dem umfangreichen Sortiment kommen u. a. folgende in Frage für eine Verwendung im Freien:

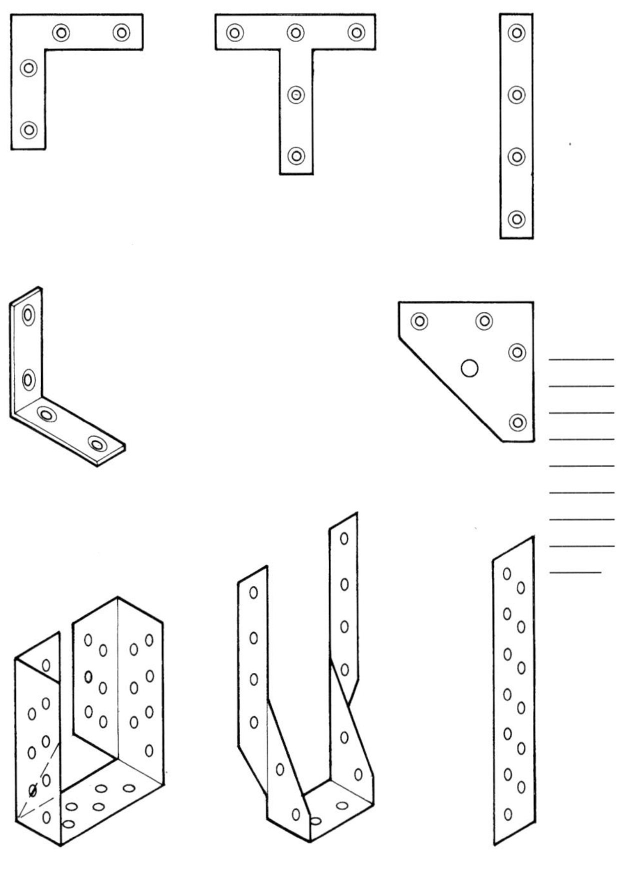

Ein Ausschnitt aus der breiten Palette von Stahlblechformteilen u. a.: Lochplatten, Flachverbinder, Winkelverbindung, Balkenschuh.

| | | |
|---|---|---|
| Lochplatten | rechteckig | in allen Größen erhältlich<br>von 10 x 100 mm in Abstufungen bis<br>40 x 500 mm |
| Flachverbinder | rechteckig | in Dicken von 2,5 und 3 mm, u. a.<br>180 x 40 x 3 mm<br>180 x 65 x 2,5 mm<br>210 x 90 x 3 mm |
| Lochplattenwinkel | Winkellängen<br>40 x 40 mm<br>60 x 60 mm<br>80 x 80 mm<br>100 x 100 mm<br>125 x 125 mm | Breite<br>60 mm<br>60, 80, 100 mm<br>60, 80, 100 mm<br>40, 60, 80, 100 mm<br>40 mm |
| Winkelverbinder | Eine der wichtigsten Verbindungen;<br>vielseitig einzusetzen; Blechstärken von 2,5 bis 3 mm<br>70 x 70 mm<br>90 x 90 mm<br>105 x 105 mm<br>93 x 93 mm | <br><br>55 mm<br>65 mm<br>90 mm<br>40 mm |
| Balkenschuh | Verwendet im Lauben- und Pergolabau, an die Stütze verschraubt, Pfetten liegen in Schuhen; Blechstärke 2 mm<br>Höhe<br>100 mm<br>120 mm<br>140 mm<br>160 mm | <br><br>Breite<br>40, 60 mm<br>80 mm<br>100 mm<br>120 mm |
| Nagel- und Stirnverbinder | Blechstärke 2,5 und 3 mm, Universalverbinder;<br>auch Vielzweckverbinder genannt | |
| Gerberverbinder | Für (tragende), nicht unterstützte Längsstöße von Traghölzern. Erhältlich in verschiedenen Größen. Tiefe bei genannten Längen 25 mm.<br>Länge<br>100 mm<br>140 mm<br>180 mm | <br><br><br>Breite<br>89 mm<br>110 mm<br>125 mm |
| Balkenträger | Auch Pfettenauflager genannt; wird im Führungsschlitz paßgenau montiert und mit Stabdübeln befestigt. Eine nicht sichtbare Verbindung, erhältlich in verschiedenen Größen. Anwendung:<br>- im Zaunbau als Verbindung von Querriegeln mit Pfosten<br>- zur Befestigung von Spalieren an Mauerwerk | |

## KLAMMERVERBINDUNGEN

Klammerverbindungen sind eine schnelle Methode, einfache, nichttragende Teile aneinander zu befestigen, beispielsweise die Lamellen und Verblendungen einiger Zaun- und Sichtschutzteile. Die Stahldrahtklammern werden mit einem Spezialgerät ins Holz geschossen, bilden jedoch keine starke Verbindung und sind nicht sehr dauerhaft.

## HOLZSCHRAUBEN UND BOLZEN

Holzschrauben aus Messing, Aluminium, Flußstahl oder nichtrostendem Stahl sind gute Verbindungsmittel für zimmermannsmäßige Verbindungen. Sie dürfen nicht mit einem Hammer eingetrieben werden. Um im Freien eine dauerhafte Verbindung herzustellen, sollen die tragenden Schraubenverbindungen sehr gewissenhaft ausgeführt werden. Je genauer das Bohrloch auf die Schraubenlänge und Querschnitt abgestimmt und ausgeführt wird, desto höher ist die Belastbarkeit. Nachdem das Loch im Kernquerschnitt und in etwa halber Länge der Holzschraube vorgebohrt ist, wird die Schraubenkopfversenkung ausgeführt. Danach schraubt man die Holzschraube ein. Verwendet werden:

- Halbrundholzschrauben mit Längsschlitz DIN 96
- Senkholzschrauben mit Längsschlitz DIN 97
- Sechskant-Holzschrauben DIN 571

(In Längen von 7 bis 300 mm und einem Durchmesser von 1,7 bis 20 mm erhältlich.)

- Bolzen DIN 601

Bolzen (DIN 601), Sechskant- (DIN 571), Schloß- (DIN 603) und Steinschrauben (DIN 529) sind alle nur mit Unterlegscheiben zu befestigen, sonst wird das Holz beschädigt und die Festigkeit der Verbindung dadurch gefährdet. In der Benennung werden DIN-Nummer, Durchmesser und Länge angegeben.

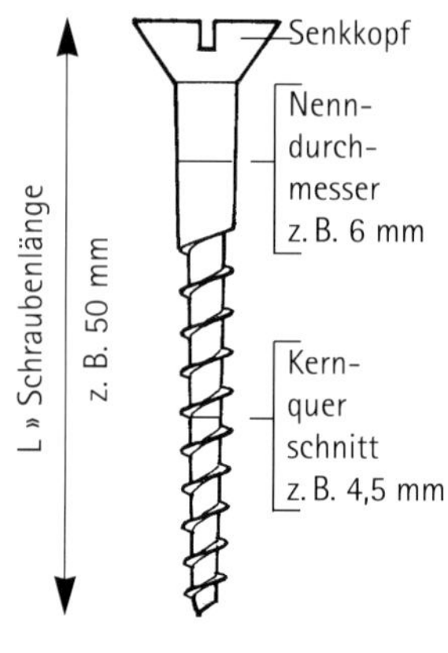


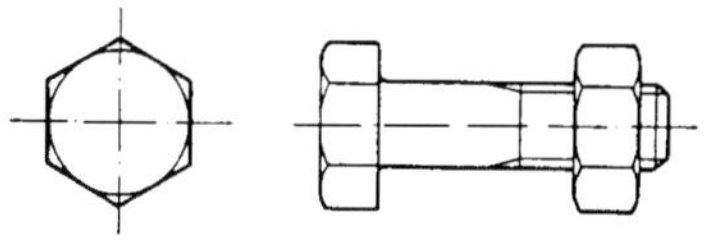

Sechskantschraube nach DIN 601

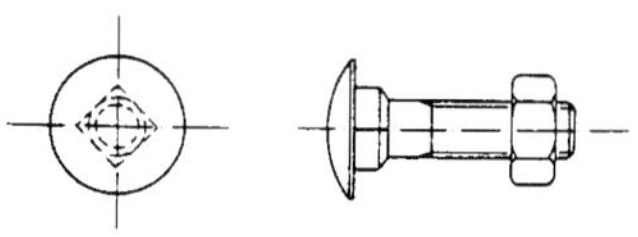

Flachrundschraube mit Vierkantansatz nach DIN 603 (Schloßschraube)

**Bestellbeispiel für Schrauben 6 x 50:**
**Nenndurchmesser 6 mm,**
**Bohrer ø ca. 4,5 mm,**
**Schraubenlänge 50 mm.**

- Schraubbolzen sind eine durchgehend stabile Verbindung, angewendet bei dicken Hölzern, beispielsweise im Pergolabau. Die Löcher werden vorgebohrt; deren Anzahl und Abstand sind bestimmt durch den Holzquerschnitt und durch die zu übertragende Kraft.

Schemazeichnung:
Pfostenschuhe in Betonfundament
von oben nach unten:
U-Eisen,
T-Eisen,
Bandstahl beidseitig eingelassen.
Fundamenttiefe nach örtlicher
Frosttiefe und statischer
Berechnung.

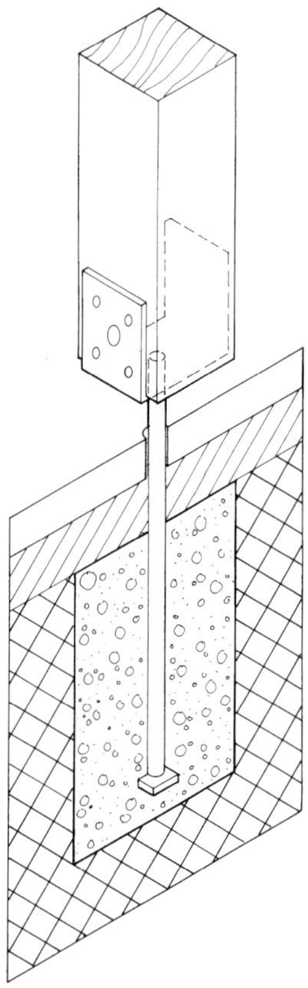

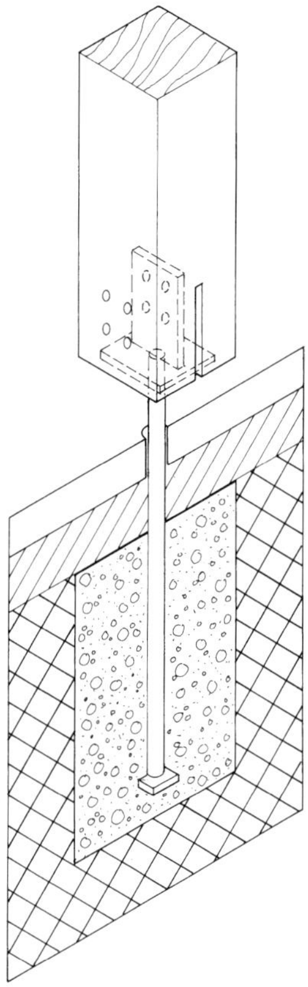

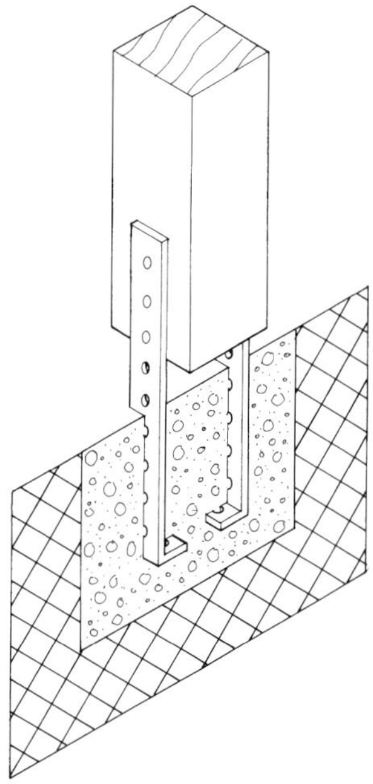

## Bodenverankerung

Bodenverankerungen aus Metall, auch Pfostenschuhe oder Pfostenanker genannt, haben die wichtige Aufgabe, Holzpfosten oder Stützen vor Bodenfeuchtigkeit und Kapillarwasser zu schützen, gleichzeitig aber auch tragende Funktion zu übernehmen. Das Schuhende wird zur Stabilität und Sicherung in einem entsprechend dimensionierten Betonfundament (B15) eingelassen. Im Schuh wird das Rund- oder Kantholz eingesetzt und mit feuerverzinkten Schrauben befestigt. Der Vorteil dieser Einbaumethode besteht darin, daß preisgünstige und weniger dauerhafte Hölzer Verwendung finden können, die für einen Bodeneinbau sonst ungeeignet wären.

Passend zum Holzquerschnitt und zur Situation ist eine breite Palette von Pfostenankern erhältlich, die beispielsweise im Pergola-, Lauben- und Zaunbau eingesetzt werden. Dazu zählen u. a.:

| Typ | Pfosteneinsatz | Pfostenlänge | Pfosteneinstand | Anmerkung |
|---|---|---|---|---|
| **U-Anker** | 7 x 7 cm | | 40 cm | Material 5 mm dick |
| **H-Form** | 12 x 12 cm | 60 cm | 30 cm | |
| | 11 x 11 cm | 60 cm | 30 cm | |
| | 9 x 9 cm | 60 cm | 30 cm | |
| | 5 x 5 cm | 60 cm | 30 cm | Material 6 mm dick |
| **Standfuß oder** | 12 x 12 cm | 20 cm | 20 cm | zum Aufdübeln, direkt auf die |
| **U-Pfostenlasche** | 11 x 11 cm | 20 cm | 20 cm | Fläche oder das Mauerwerk |
| | 9 x 9 cm | 20 cm | 20 cm | seitlich geschraubt |
| **Pfostenträger U-Form** | 9 x 9 cm | 10 cm | 10 cm | Leichte Version für niedrige Zäune |
| **Bodenhülse** | 9 x 9 cm | 75 cm | | In verschiedenen Ausführungen, feuerverzinkt zum Einschlagen mit einem Hammer; anschließend werden die Pfosten eingesetzt und mit passenden Schrauben befestigt. |
| | 7 x 7 cm | 75 cm | | |
| Verstellbar | 9 x 9 cm | 75 cm | | Der Pfosteneinsatz läßt sich drehen. |
| für Rundhölzer mit Durchmesser | 101 mm | 60 cm | 15 cm | Auch als Dübelplatte erhältlich |
| **Aufschraubhülsen für Rundpfosten** Dübelplatte 150 x 150 mm, Durchmesser 101 mm | – | 15 cm | | |
| **Bodensteckanker** | | | | Mittig im Pfosten einzusetzen. Feuerverzinkt, Dornlänge 15 cm; für Pfosten bis 105 cm Länge. |

# HOLZSCHUTZ

Die Kombination von extremer Witterung und Bodenkontakt im Freien geht an keinem Holz spurlos vorüber. Obwohl Patina und eine in beschränktem Umfang angegriffene Oberfläche den Charakter von Holz im Garten bereichern können, muß der Verfall des Objekts verhindert werden. Die Hauptprobleme sind:

- Fäulnis durch Eindringen von Feuchtigkeit, verursacht entweder durch Bodenfeuchtigkeit, Taunässe oder Regen
- Risse, die entweder bereits im Holz vorhanden sind oder durch Schwinden und Quellen des Holzes verursacht werden. Alle Risse erhöhen die Gefahr des Insekten- und Pilzbefalls und lassen Feuchtigkeit eindringen.
- Befall durch Insekten und Pilze
- Vergrauung durch UV-Strahlen der Sonne.

Um diesen Faktoren entgegenzutreten, muß das Holz den besten und geeignetsten Schutz erhalten. Wie dies gewährleistet werden kann, ist ein umstrittener Punkt. Bei keinem anderen Thema gibt es so viele Meinungsunterschiede. Während Puristen sich auf das passende Holz und die dazugehörige, zweckmäßige Konstruktion ohne den Einsatz von zusätzlichen Schutzmitteln verlassen, betrachtet der Heimwerker Holzschutzmittel allzuoft als »das« Schutzelement für die Arbeit mit Holz.

Der Verfall von Holz ist vorprogrammiert. Diese tragbare Sitzbank aus Eichenholz steht seit Jahrzehnten, allen Witterungen ausgesetzt, im Garten. Jetzt, nach vielen Dienstjahren, hat sie nur noch einen dekorativen Wert.

## Konstruktiver Holzschutz

Unabhängig von der Holzart, die verwendet wird, kann auf konstruktiven und fachgerechten Holzschutz – auch baulicher Holzschutz genannt – nicht verzichtet werden. Die Inspiration für Holzelemente im Garten stammt von jahrzehntealten Feldzäunen, Toren und Sitzbänken, die nur durch ihre Ausführung, ohne zusätzliche Schutzmittel, immer noch ihren Zweck erfüllen.

Jede Holzart hat unterschiedliche Härte und unterschiedliche Widerstandsfähigkeit. Durch ihren Aufbau und Wuchs sind manche Holzsorten gefährdeter als andere. Einige, wie z. B. Eiche, Cedar und die tropischen Harthölzer, halten jahrzehntelang im Freien, ohne Behandlung mit Holzschutzmitteln. Auch die Qualität des Holzes bestimmt die Dauerhaftigkeit. Die Verwendung von minderwertigem Holz mit einem höheren Anteil an Fehlern, nicht ausreichend getrocknetes oder auch falsch gelagertes Holz bieten schlechte Voraussetzungen für ein langes Leben.

Wer die Grundregeln befolgt, kann durch konstruktiven Holzschutz die Lebensdauer von Holzkonstruktionen erhöhen und den Pflegeaufwand reduzieren.

Dazu gehören:

- Das passende Holz für die jeweilige Funktion wählen. Es ist durchaus möglich, verschiedene Holzarten in einem Objekt zu kombinieren, z. B. bei einem Zaun Hartholz für die Pfosten mit Bodenkontakt und Weichholz für die Querriegel und Latten einzusetzen.
- Eine fachgerechte, sorgfältige Bauweise, bei der vor allem auf folgendes geachtet wird:
  - Wasser muß schnell ablaufen, am Hirnholz durch schrägen Anschnitt. Staunässe vermeiden durch Anbringung von Tropfnasen, Tropflöchern und Tropfkanten.
  - Direkten Bodenkontakt reduzieren durch Einsetzen der Pfosten in Metallschuhe.
  - Ausreichenden Dachüberstand bei Lauben, Gartenhäusern usw. vorsehen, um die seitlichen Wände zu schützen.
  - Nicht nur vor Regen, sondern auch vor Tau- und Kapillarwasser schützen, vor allem bei Holzteilen mit Bodenkontakt.
- Gute Qualität von korrosionsfreien Verbindungsteilen, Nägeln, Holzschrauben usw. verwenden.
- Grundsätzlich unterscheiden zwischen konventioneller Arbeit mit trockenem Holz und der Arbeit mit grünem Holz.

Durch die Wahl des passenden Holzes und der dazugehörigen fachgerechten Bauweise sind die Entwicklungsmöglichkeiten für Schädlinge erheblich reduziert, wodurch die Haltbarkeit des Holzes auf eine je nach Holzart einschätzbare Lebensdauer erhöht werden kann.

# Holzschutzmittel

Holzschutz ist eine notwendige Maßnahme mit dem Ziel, Pilzen und anderen Schädlingen die Lebensbedingungen zu entziehen. Insbesondere bei Zaunteilen muß Wasser schnell vom Hirnholz abgeleitet werden. Die Ausbildung von Lattenköpfen, wie oben abgebildet, ist daher nicht nur dekorativ. Passend zur Zaunart können Pfosten abgeschrägt, gefast oder mit Abdeckplatte und Kugel verziert werden, ebenso gespitzt, in Dachform oder gerundet.

Holzschutzmittel allein sind nicht die Rettung, sondern können lediglich eine Komponente darstellen. Welches die erforderlichen Schutzmaßnahmen sind, wird von verschiedenen Faktoren bestimmt. An erster Stelle stehen die finanziellen Mittel für das Bauwerk, gefolgt vom Einsatzort und vom Schutzgebiet. Da die Vorstellungen und Wünsche oft größer sind als der Geldbeutel, werden preisgünstige Lösungen gesucht, die trotzdem alle gestalterischen Ansprüche erfüllen sollen. Zunächst ist es also nicht die Gestalt des Objektes, sondern die Holzart, die dem Etat angepaßt werden muß. Aus diesem Grund scheidet in der Kostenberechnung dauerhaftes, aber teures Hartholz meist aus. Um die preiswerten, aber weniger dauerhaften Hölzer, in der Regel Weichhölzer wie Fichte, Tanne und Kiefer, im Freien besonders zu schützen, reicht fachgerechte Konstruktion allein nicht aus, es sind weitere Maßnahmen notwendig.

Bereits bei der Auswahl dieser Hölzer muß die Frage geklärt sein, welche Art von Holzschutzmittel eingesetzt wird. Wird das Holz mit fertigem Schutz gekauft, wie beim kesseldruckimprägnierten Holz, oder wird er selbst aufgetragen? Ist vorgesehen, das Holz mit einer Farbe zu streichen oder wird es naturbelassen eingesetzt? Es muß aber von Anfang an klar sein, daß auch diese Schutzkombination niemals die Dauerhaftigkeit eines sorgfältig gebauten Objektes aus Eichenholz erreichen kann.

Gerade im Heimwerkersektor ist die Praxis von »lieber etwas mehr als zuwenig« gefährlich. Das Objekt wird dadurch weder schöner noch verlängert sich die Lebensdauer, denn jedes Holz kann nur begrenzte Mengen des Mittels aufnehmen. Hier ist die Gebrauchsanweisung, vor allem die Dosierung, zu beachten. Obwohl DIN-Norm 68800 eindeutig aussagt, daß nur Holzschutzmittel mit einem gültigen Prüfzeichen verwendet werden dürfen, werden viele der Holzschutzmittel auf dem Hobbyheimwerkersektor ohne Bewertung vermarktet. Fehlt der Hinweis auf die möglichen Auswirkungen für die Gesundheit der Person, die das Mittel aufbringt, auf die Ausdämpfungen und schließlich auf die Wirkung für die benachbarten Pflanzen und deren Wachstum, kann zwar der Holzschutz gewährleistet, die Nebenwirkungen aber können verheerend sein. Ein gezielter Umgang und allgemeine Vorsicht gegenüber unerprobten Mitteln sind anzuraten.

RAL- und DiBt(Deutsches Institut für Bautechnik)-Produkte werden im Hinblick auf ihre Wirksamkeit sowie ihre gesundheitlichen und ökotoxikologischen Eigenschaften überwacht und überprüft. Diese Produkte sind im jährlich herausgebrachten »Holzschutzmittelverzeichnis« aufgeführt.

## EINSATZORT UND GEFÄHRDUNGSKLASSEN

Um die Wirksamkeit von Holzschutzmitteln zu gewährleisten, sind der Einsatzort und das Schutzgebiet maßgebend. Es wird zwischen Außenbau ohne Erdkontakt und Außenbau mit Erdkontakt unterschieden. DIN 68800 Holzschutz im Hochbau definiert die Notwendigkeit des Holzschutzes und beschreibt die verschiedenen Holzschutzarten. Die Gefährdungsklassen sind von 1 bis 4 gestaffelt, je nach den spezifischen Bedingungen und Anwendungsbereichen. Diese Klassifizierung liefert wertvolle Hinweise zum Wirkungsgebiet des Schutzmittels. Von den vier Schutzklassen gelten Schutzklasse 3 und 4 für Holzteile im Freien.

- In Schutzklasse 3 für Außenteile ist das Holz gefährdet durch Pilze und Auswaschbeanspruchung. Die mindestens erforderlichen Prüfprädikate sind Iv, P, W.
- In Schutzklasse 4, Bauteile mit Erdkontakt oder in ständiger Berührung mit fließendem Wasser, ist die Gefährdung durch Pilze, Auswaschbeanspruchung und Moderfäule stark. In diesem Fall sind die mindestens erforderlichen Prüfprädikate (Iv), P, E.

Nicht nur der Einsatz, sondern auch die Entsorgung von behandelten Hölzern sind zu berücksichtigen. Mit dem jetzigen Wissen sollte das Holz von heute nicht zur Altlast von morgen werden. Solange das Produkt innerhalb des Rahmens des Chemikaliengesetzes und der Gefahrstoffverordnung liegt, kann es vermarktet werden. Lediglich der Einsatz von Quecksilber ist verboten, der von Teeröl und Arsen eingeschränkt. Produkte mit RAL-Gütezeichen, erteilt von der Gütegemeinschaft Holzschutzmittel e.V., sowie DiBt-Gütezeichen tragen Prüfzeichen, auf denen die wichtigsten Eigenschaften des Mittels und ihr Einsatzgebiet angegeben sind:

P (wirksam gegen Pilze und als Fäulnisschutz)
Iv (gegen Insekten vorbeugend wirksam)
(Iv) nur bei Tiefschutz ist die vorbeugende Wirksamkeit gegen Insekten gewährleistet. Tiefschutz ist eine Eindringtiefe von mindestens 10 mm, nur erreichbar durch Kesseldruckverfahren oder Trogtränkung.
W (für Holz, das der Witterung ausgesetzt ist, jedoch nicht bei Erdkontakt oder in Gewässern)
E (für Holz, das extremen Beanspruchungen ausgesetzt ist, Erdkontakt, fließendes Wasser)
S zum Streichen, Spritzen (Sprühen) und Tauchen von Bauholz

## SCHUTZWIRKUNG

Je nach Art und Weise, in der das Holzschutzmittel aufgebracht ist, ist eine unterschiedliche Eindringtiefe zu erwarten. Diese hängt auch von der Zusammensetzung des Holzschutzmittels und dessen Auftrag ab. Es wird zwischen Randschutz (auch Oberflächenschutz genannt) von weniger als 1 cm und Tiefschutz (auch Vollschutz) unterschieden. Wichtig hierbei sind der Aufbau und die Saugfähigkeit des Holzes. Im allgemeinen ist festzustellen, daß die Mittel in die äußeren Holzschichten (Holzzonen) konzentriert eindringen, jedoch nur schwach in die tieferen Schichten, so daß das Holzinnere schutzfrei bleibt. Das wiederholte Aufbringen von Holzschutzmitteln erhöht daher zwar die Konzentration des Schutzmittels im äußeren Bereich, führt aber nicht zu einem tieferen und anhaltenden Schutz im Holzinneren. Bei allen Oberflächenbehandlungen ist eine Erneuerung nach 1 1/2 bis 3 Jahren notwendig. Hierbei ist auf das Auswaschverhältnis der im Holz enthaltenen Wirkstoffe zu achten.

## AUFBRINGMETHODEN FÜR HOLZSCHUTZMITTEL

Holzschutzmittel können entweder durch Oberflächenbehandlung – Streichen, Spritzen, Tauchen – oder Druckimprägnierung sowie Tränkung aufgebracht werden.

### OBERFLÄCHENBEHANDLUNG

Auch »Nichtdruckverfahren« genannt. Hierbei ist das Präparat durch Streichen oder Sprühen direkt und gleichmäßig auf das Bauholz in vorgeschriebenen Arbeitsgängen aufzutragen. Auf den Feuchtigkeitsgehalt des Holzes ist zu achten. Grundsätzlich kann der Schutz entweder auf

- trockenes und sauberes zugeschnittenes Bauholz
- zugeschnittene, gehobelte und saubere bzw. staubfreie Teile oder
- nach dem Bau auf die fertigen Objekte aufgetragen werden.

### DRUCKVERFAHREN

Ein tief eindringender Schutz, auch Vollschutz genannt. Bei diesem Verfahren (Vakuumdruck oder Wechseldruck) wird eine höhere Eindringtiefe erzielt als durch Streichen und Spritzen. Die Methode wird als Schutz für Nadelbauschnitthölzer wie Fichte, Tanne, Kiefer, Lärche und Douglasie von mindestens Güteklasse II für Bauabschnittholz bevorzugt und gilt als jahrzehntelang anhaltender Holzschutz. Kesseldruckimprägniertes Holz ist durch grünliche Farbe oder grünlichen Schimmer gekennzeichnet.

Kesseldruckimprägnierte Halbrundhölzer aus Nadelholz gemäß den Güte- und Prüfbedingungen der Gütegemeinschaft Imprägniertes Holz e.V.

- Vakuumdruckverfahren, angewandt beispielsweise für Fichten- und Kiefernholz. Die trockenen Hölzer werden im Kessel einem Vorvakuum unterzogen und anschließend mit Holzschutzmitteln unter hohem Druck imprägniert.
- Wechseldruckverfahren, saftfrisches Fichtenholz (auch waldfrisches oder frisches Holz genannt) wird in einem über 10 Stunden langen schnellen Wechsel zwischen Vakuum und Druck imprägniert.

Rundhölzer müssen maschinell weißgeschält werden, wobei die ersten Jahresringe vor der Imprägnierung zu entfernen sind.
Nach Anwendung beider Druckverfahren ist eine Fixierzeit von 4 bis 6 Wochen vorgeschrieben. Erst nach Ablauf dieser Zeit dürfen die Hölzer verbaut werden.
Zur Kontrolle des Verfahrens wird das Gütezeichen »Imprägnierte Holzbauelemente« nur an Hersteller verliehen, die Mitglied der Gütegemeinschaft sind und so unter strenger Qualitätskontrolle stehen. RAL RG 411 enthält Anweisungen für die Fertigung – von der Auswahl bis zum Endprodukt und zur Überprüfung. Mitglieder der RAL-Gütegemeinschaft verwenden ausschließlich DiBt-zugelassene Holzschutzmittel.
Kesseldruckimprägniertes Holz wird vielfach im Garten- und Landschaftsbau, u. a. für Pergolen, Zäune und Spielgeräte eingesetzt, besonders, wenn eine Nachbehandlung nicht möglich ist.

**Wird kesseldruckimprägniertes Holz gekauft, ist eine weitere Behandlung mit Holzschutzlasur nur an den freien Enden notwendig.**

Für die Behandlung von Holzpfählen sind sowohl die Kesseldruckimprägnierung (oben) als auch die Heiß-Kalt-Einstelltränkung mit Steinkohleteeröl (unten) zugelassen.

Schnitt durch ein 7 x 7 cm kesseldruckimprägniertes Kantholz, gekauft im Baumarkt. Äußerlich ist die Eindringtiefe der Imprägnierung schwer feststellbar. Wenn geschnitten, ist der mangelhafte Schutz ersichtlich, die typische grünliche Verfärbung ist nur an wenigen Stellen ersichtlich. Wer sicher sein will, dem sei geraten, nur Material mit Prüfzeichen zu kaufen.

## KLASSIFIZIERUNG VON HOLZSCHUTZMITTELN

Je nach Zusammensetzung und Konsistenz wird zwischen verschiedenen Typen von Holzschutzmitteln unterschieden. Weiterhin wird hinsichtlich der verwendeten Rohstoffe in Naturprodukte und synthetische Produkte eingeteilt. Während die Naturprodukte aus organischen Polymeren, Ölen und Harzen bestehen, basieren die Syntheseprodukte auf Kunstharz, erzeugt aus Erdöl.

### CHEMISCHE HOLZSCHUTZMITTEL

Je nach Ausgangsstoffen wird unterschieden zwischen
- wasserlöslichen, wasserverdünnbaren Holzschutzmitteln
- lösemittelhaltigen Schutzmitteln
- öligen Schutzmitteln

**Wasserlösliche, wasserverdünnbare Holzschutzmittel**
Solche Holzschutzmittel bestehen aus verschiedenen Salzgemischen. Im allgemeinen sind sie auf trockenes Holz, d. h. Holz mit einem Feuchtigkeitsgehalt von höchstens 20% aufzubringen, und zwar durch Streichen, Sprühen oder Tauchen. Diese Mittel sind erhältlich in Form von:
- anorganischen Salzen, auch organischen Verbindungen, meist pastös (breiig, dickflüssig) oder als Vorlösung; selten jedoch als Festsalz geliefert. In Ausnahmen als gebrauchsfertige Lösung erhältlich.
- als Anwendungskonzentrat, das je nach Wassergehalt des Präparates und Anwendungsverfahren sehr unterschiedlich ausfallen kann. Hier sind die Verpackungsanweisungen stets zu befolgen. Diese Präparate sind nur zum Teil bei Bodenkontakt effektiv, jedoch gegen Fäulnispilze und vorbeugend gegen Insekten wirksam und für Verbretterung und Zäune einzusetzen.

Für Kesseldruckimprägnierung sind verschiedene Salzmischungen zum vorbeugenden Holzschutz wirksam. Dazu gehören u. a.:
- CKB-Salze (Chrom-Kupfer-Bor), wobei die Bor-Salze aus natürlichen Vorkommen in Salzseen stammen. Auch für Trogtränkung anwendbar.
- CKF-Salze (Chrom-Kupfer-Fluor)
- CKFZ-Salze (Chrom-Kupfer-Fluor-Zink)

Daneben sind auch chromfreie Kupferpräparate für Kesseldruckimprägnierung und Trogtränkung auf dem Markt.
Neu hinzugekommen sind die organischen Verbindungen für Holz ohne und mit Erdkontakt.

**Lösemittelhaltige Schutzmittel**
Organische Werkstoffe, gelöst in organischen Lösemitteln, nicht für Erdkontakt, sondern für Außenverbretterung. Je nach Zusammensetzung sind sie entweder als Fungizide, als Fungizide und Insektizide zugleich oder als Insektizide wirksam.

**Ölige Schutzmittel**
Bestehend aus flüssigen Ölkomponenten, gelösten Wirkstoffen und Lösungsmittelgemischen. Aufzubringen auf trockenes Holz durch Streichen oder Sprühen in ein bis zwei Arbeitsgängen bei gehobelten Oberflächen. Diese Schutzmittel sind wasserunlöslich, wasserabweisend, haben eine starke Geruchsbildung und sind teilweise pflanzenschädlich. Dazu gehören u. a.:
- Teeröl-Steinkohlenteer-Imprägnieröl. Anwendungsfertig, Giftstufe III, gegen Fäulnispilze, vorbeugend wirksam gegen Insekten und bei Erdkontakt, verwendet für Palisaden, Pfähle. Die Anwendung ist seit 1991 eingeschränkt, früher eingesetzt für Masten und Schwellen.
- Carbolineen
- Chlor-Naphtalin-Präparate
- Öl-Salzgemische, Öl-Salzpasten für frisches und halbtrockenes Bauholz mit ständigem Erdkontakt.
- Nachschutzpasten, Giftstufe II, zum Streichen oder Sprühen.

### NATÜRLICHE HOLZSCHUTZMITTEL

Bis vor kurzem waren nur die chemischen Holzschutzmittel auf dem Markt. Mit zunehmendem Umweltbewußtsein werden mittlerweile aber auch Holzschutzmittel aus natürlichen Rohstoffen (organische Polymere, wie Öle und Harze) wiederentdeckt und angeboten. Wer es ernst meint mit der Verwendung von Natur- oder Bioprodukten, sollte auf die Inhaltsangaben achten. Viele der mit Naturmotiven verzierten Behälter deuten zwar auf ein umweltbewußtes Produkt hin, halten jedoch einer näheren Überprüfung der Zusammensetzung nicht stand. Nur wenn eine komplette Liste der Bestandteile angegeben ist, kann auch für die Wirkung und nicht nur die Intention gebürgt werden.
Die Produkte, vermarktet unter dem Namen Aglaia, bieten eine Palette von Imprägnierungen, Grundierungen, Holzschutzmittel, Holzlasuren und Farben sowie ein Grundieröl zur Nachbehandlung an. Die Gebrauchshinweise sind ausführlich: Sie geben Hinweise auf den Einsatzort wie auch den erforderlichen Feuchtigkeitsgehalt des Holzes und erwähnen auch, ob eine weitere Behandlung bzw. Kombination mit anderen Produkten notwendig ist.

## UMGANG MIT HOLZSCHUTZMITTELN

Selbstverständlich müssen alle Holzschutzmittel fachgerecht und ihrer Giftklasse entsprechend aufbewahrt werden. Die Hinweise auf der Verpackung sind zu befolgen.
Im allgemeinen gilt:

- Daß Holzschutzmittel weder für Kinder noch Haustiere erreichbar sein dürfen; einige Produkte dürfen nur unter Verschluß in sogenannten Gifträumen aufbewahrt werden.
- Viele Holzschutzmittel dürfen ausschließlich von Fachleuten aufgebracht werden.
- Geräte nie in offenem Gewässer reinigen.
- Restmaterial fachgerecht entsorgen.
- Entsprechende Schutzkleidung wie Gummistiefel, Handschuhe, Kopfbedeckung und gegebenenfalls Schutzbrille und Atemschutz tragen.
- Nie rauchen, trinken oder essen in der Nähe von Schutzmitteln.
- Gefahrenhinweise (sog. R-Sätze) und Sicherheitsratschläge (sog. S-Sätze) beachten.

### GIFTSTUFEN

| | | |
|---|---|---|
| I | giftigste Stufe | Aufdruck »Gift« mit Totenkopf weiß auf schwarzem Grund |
| II | mittlere Stufe | Aufdruck »Gift« mit Totenkopf rot auf weißem Grund |
| III | weniger giftig | Aufdruck »Vorsicht« rot auf weißem Grund |

# Farbige Imprägnierung, Lasuren und deckende Anstriche

Neben der schützenden Wirkung des Anstriches ist die Frage der Farbgebung und ob die Struktur des Holzes sichtbar bleiben soll maßgebend. Für Holz im Freien stehen farbloser Anstrich, Lasuranstrich oder deckender Anstrich zur Wahl. Egal, welche Behandlung gewählt wird, bedarf es regelmäßiger Pflege. Manche Holzarten, wie die tropischen Harthölzer, sind nicht oder nur mit Vorbehandlung lack- und imprägnierfähig, andere Holzarten können nur nach besonderer Grundierung gestrichen werden. Kostbare Harthölzer hingegen sind viel zu schön für eine zusätzliche Behandlung.
Je besser die Vorbereitung, desto besser haftet der Anstrich. Die kleinste Schwachstelle kann die ganze Fläche stören und die Haltbarkeit erheblich reduzieren. Der Anstrich ist sorgfältig, gleichmäßig und blasenfrei mit einem sauberen Pinsel aufzutragen. Es empfiehlt sich, die vom Hersteller empfohlene Reihenfolge einzuhalten sowie die Trockenzeiten nicht zu verkürzen. Alle Anstrichsysteme basieren auf dem Schritt-für-Schritt-Aufbau, z. B. für deckenden Anstrich:

- Vorbereitungsarbeit; Holz abbürsten und nach Bedarf Imprägnierung auftragen.
- Grundanstrich, danach Schleifen.
- Zwischenanstrich oder erster Deckanstrich.
- Falls notwendig, zweiter Zwischenanstrich.
- Deckanstrich, auch Schlußlackierung genannt.

Farbe gibt nicht nur dem Holz einen Schutz, sie kann auch als vorteilhaftes Gestaltungselement wirken. Sie ist nicht für jedes Holz oder jede Situation zu empfehlen, aber wenn richtig eingesetzt, wie hier an diesem sonst tristen Holzdeckweg, eine echte Bereicherung.

Die Grundierung stellt die Verbindung zwischen Holz und Lack her. Je nach Holzart ist hierfür das entsprechende Mittel zu wählen. Bei Kiefernholz, Pitch Pine, Lärche und Douglasie muß ein bläueschützendes Grundierungsmittel aufgebracht werden. Weiterhin ist die Feuchtigkeit des Holzes zu beachten. Die Grundierung läßt sich besser auf abgerundeten Kanten auftragen. Hirnholzstellen sind mindestens zweimal zu behandeln. Nach der Grundierung schleift man die aufgerauhte Holzoberfläche, bevor der deckende Anstrich aufgetragen wird.

## FARBLOSER ANSTRICH

Eine farblose und transparente Oberflächenbehandlung, bei der Maserung und Holzstruktur weitgehend sichtbar bleiben. Da die Holzporen vollkommen geschlossen werden, ist der Feuchtigkeitsaustausch gebremst. Ein farbloser Anstrich ist nur bedingt für den Einsatz im Freien zu raten, da die Haltbarkeit im allgemeinen unzureichend ist. Bereits nach 1 bis 2 Jahren ist eine Nachbehandlung notwendig.

## LASURANSTRICH

Wer die Struktur des Holzes optisch erhalten möchte, dem ist eine Lasur anzuraten. Ein dünner Schutzfilm wird über das Holz gezogen, der den Feuchtigkeitsaustausch weiterhin zuläßt. Die Farbe blättert oder wittert nicht ab. Erhältlich in einer breiten Palette von Farbtönen, wird das Holz durch den Anstrich gefärbt. Zwischen dem ersten und dem zweiten Auftrag muß eine Trockenzeit – je nach Witterung – von mehreren Tagen einkalkuliert werden. Eine Wiederholung des Anstrichs ist ohne große vorbereitende Maßnahme möglich.

## DECKENDE ANSTRICHE

Je nach Bindemittel stehen verschiedene Anstrichsysteme zur Wahl. Welches verwendet wird, hängt von der Beanspruchung, Holzart, dem Pflegeaufwand und den optischen Anforderungen ab. Nicht alle können den Witterungseinflüssen im Freien standhalten. Hier empfiehlt es sich, den Hinweis zum Einsatzort auf der Verpackung zu studieren. Unter anderem eignen sich:

- Ölfarbensysteme: die klassische Anstrichsart mit Leinöl als Bindemittel; trocknet langsam, von einem Anstrich zum nächsten erhöht sich der Ölgehalt. Bis vor kurzem vom Kunstharzsystem verdrängt, sind pflanzliche Ölfarben wieder im Kommen. Je nach Witterung hält der Anstrich nur für eine begrenzte Zeit, die Erneuerung ist arbeitsintensiv und aufwendig, da die Farbe nicht einfach über den alten Anstrich gelegt werden kann. Die alte Schicht ist genauestens zu entfernen, der Zustand des Holzes zu prüfen. Erst dann kann sorgfältig gestrichen werden. Sollte Feuchtigkeit unter die Farbe gelangen, kann diese Fäulnis verursachen.
- Lack auf Lack; eine Anstrichsart, bei der die gleichen Mittel, nur in anderer Konzentration als bei allen anderen Anstrichen, verwendet werden. Bestehend hauptsächlich aus ölhaltigen Alkydharzlacken, ist er auf trockenes Holz aufzubringen. Der erste Anstrich wird verdünnt aufgebracht, die Schlußlackierung in Originalkonsistenz. Für Hölzer, die starker Witterung ausgesetzt sind, ist dieses Anstrichsystem nicht zu empfehlen, da es dazu neigt, abzublättern.
- Dispersionsanstrich: Diese Anstriche haben den Vorteil, daß sie rasch trocknen, wasser- und vergilbungsbeständig sind und gut haften. Aufgebaut auf Wasserbasis, ist der Auftrag auf relativ feuchtem und sägerauhem Untergrund möglich. Dispersion ist für Holzbauteile im Garten geeignet, jedoch nur in matt oder seidenmatt ausführbar. Die Nachbehandlung erfolgt alle 3 bis 5 Jahre, ohne aufwendige Vorbehandlungen, sofern die Schäden durch Witterungseinfluß nicht zu groß sind.

### FARBAUSWAHL

Bei der Wahl der Farbe ist die Wechselwirkung mit anderen Gegenständen wie auch der Architektur zu berücksichtigen. Neben den Überlegungen zum Farbton muß entschieden werden, ob dieser matt oder glänzend sein soll. Hier zählt nicht nur der persönliche Geschmack, sondern auch der Standort im Garten. Die Farben sind nach RAL-Farbtönen gegliedert, bei der Bestellung ist stets die Nummer anzugeben.

**Wer Farbe möchte, aber immer noch die Struktur des Holzes erkennen will, soll eine Lasur verwenden.**

# WERKZEUG

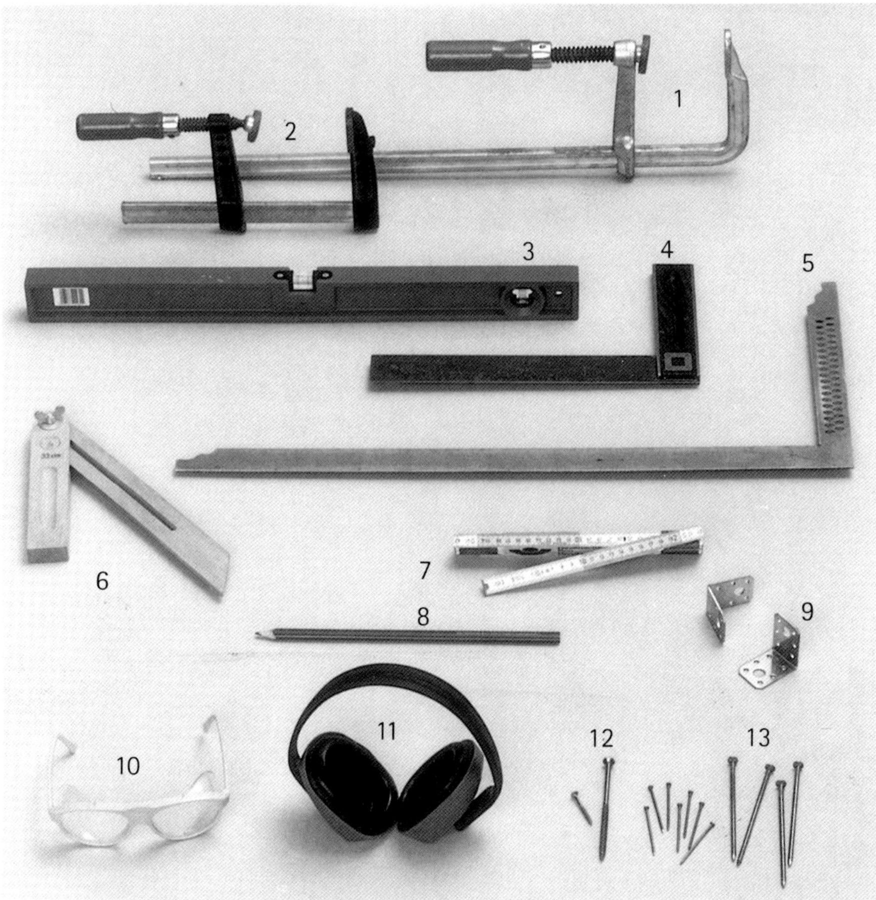


1 Ganzstahlzwinge
2 Tempergußzwinge
3 Wasserwaage
4 Schreinerwinkel
5 Lochwinkel, Zimmermannswinkel
6 Schmiege
7 Meterstab, Zollstock
8 Zimmermannsbleistift
9 Blechformteile (Winkel)
10 Schutzbrille
11 Kapsel-Gehörschützer
12 Senk-Holzschraube mit Kreuzschlitz
13 Nägel bzw. Drahtstifte

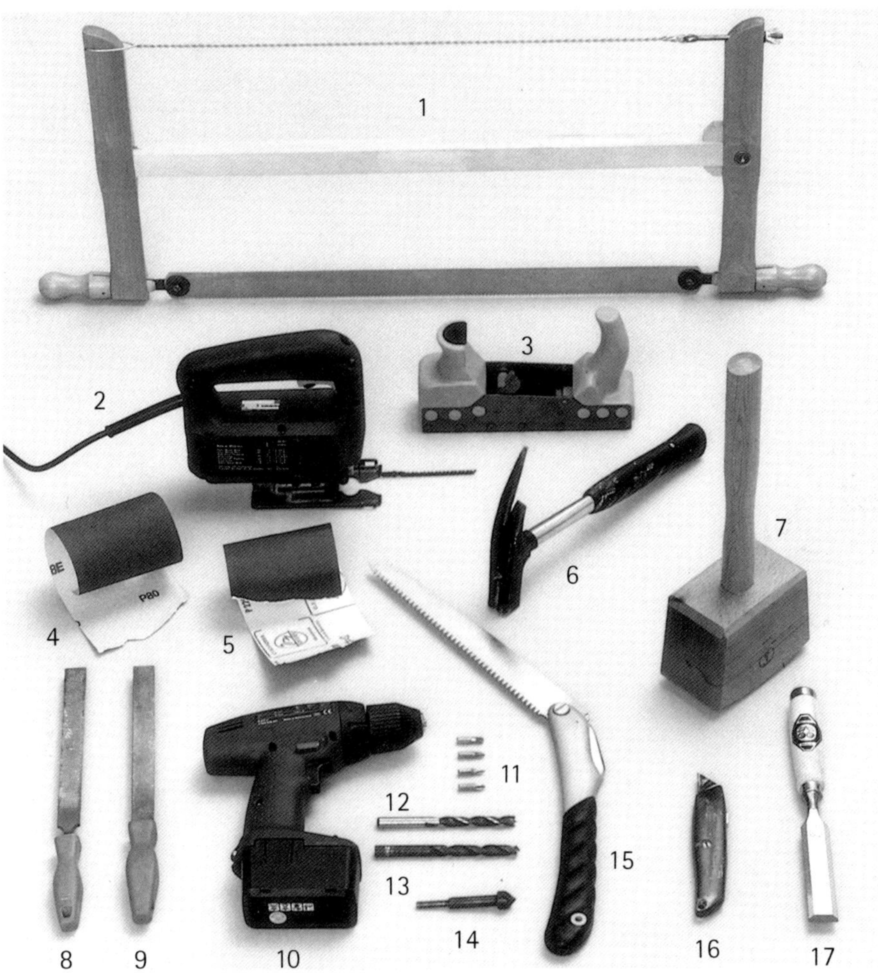


1 Gestellsäge (Spannsäge)
2 Elektrische Stichsäge
3 Handhobel
4 Schleifpapier, Körnung 80
5 Schleifpapier, Körnung 220
6 Zimmererhammer, Latthammer
7 Klüpfel
8 Raspel
9 Feile
10 Akku-Schrauber, Bohrmaschine
11 (Bits), z. B. Kreuzschlitzschraubeneinsatz, Vielzahnschraubeinsatz
12 Holzbohrer mit Zentrierspitze
13 Metallbohrer
14 Senker
15 Klappsäge
16 Teppichmesser
17 Stemmeisen, Stechbeitel

# ANHANG

## BEZUGSQUELLEN

Diese Liste ist eine persönliche Auswahl empfehlenswerter Produkte und erhebt keinen Anspruch auf Vollständigkeit.

**Brücken**

Rötterink Holz GmbH
Am Bahndamm 1
48444 Bad Bentheim

Stuart Garden Architecture
Burrow Hill Farm
Wiveliscombe
GB-Somerset TA4 2RN

**Flechtwerk für den Garten**

Matthias Bachmann
Hinter der Kirche 3
D-99976 Hupstedt

Freitag & Sohn
Weiden Art
Postfach 1334
D-85354 Freising

Hans-Peter Sturm
Birkenösch 1
D-88630 Aach-Linz

English Hurdle
Curload, Stoke St. Gregory
GB-Somerset TA3 6JD

The Willows and Wetlands Centre
P.H. Coate & Son
Stoke St. Gregory
GB-Taunton Somerset

**Gartenmöbel und Accessoires**

The Garden Carpenter
George Carter
Silverstone Farm
North Elmham
GB-Norfolk NR20 5EX

Garpa
Garten & Park Einrichtungen
Kiehnwiese 4
D-21039 Escheburg bei Hamburg
Auch in Berlin, Österreich und der Schweiz

Gaze Burvill
Newton Workshop
Newton Valence
East Tisted
GB-Hampshire GU34 3EW

High Weald Design
High Weald Unit, Corner Farm
Hastings Road
Filmwell
GB-East Sussex TN5 7PR

Stephan Kirchner-Keitum/Sylt
D-25899 Kleiseekoog/Niebüll
auch in Berlin, Hamburg, Sylt und Föhr

Wales and Wales
Furniture Design and Production
The Long Barn Workshop
Muddles Green
Chiddingly, Lewes
GB-East Sussex BN8 6HW

Weishäupl Werkstätten GmbH
Neumühlweg 9
D-83071 Stephanskirchen

**Gartenbauten, Spaliere, Pergolen, Zäune**

Stuart Garden Architecture
Burrow Hill Farm
Wiveliscombe
GB-Somerset TA4 2RN

Osmo
Ostermann & Scheiwe GmbH & Co.
Hafenweg 31
D-48155 Münster

Amdega Deutschlandvertrieb:
Sieben Eujen GmbH & Co KG
Hinter dem Rahmen 6
D-26721 Emden
(Gartenbauten)

Vertrieb für Österreich:
Paul Misar
Feldgasse 24
A-2440 Gramatneusiedl

**Naturholzarbeit**

Anne Roberts and Don Cochrane
Feir Mill Co.
RR #3
Omemee
Ontario KOL 2WO
Kanada

Raffles
Thatched Garden Buildings
(Gartenhäuser und Hütten)
David N. Raffle
Church Farm
Main Street, Overseal
GB-Derbyshire DE 12 6LG

**Naturfarben**

Beeck'sche Farbwerke
Beeck GmbH & Co KG
Postfach 810224
D-70519 Stuttgart

**Ausbildungsorte**

Staatliche Berufsfachschule für Korbflechterei
D-96215 Lichtenfels

Für Information über eine Ausbildung zum Zimmerer bitte bei der örtlichen Handwerkskammer oder Bauinnung anfragen.

## BILDNACHWEIS

Die Ziffern beziehen sich auf die Seitenzahlen.

Einbandvorderseite: Eric Crichton, Turn End, England, Designer Peter Aldington; **2** Ron Sutherland/GPL, Duane Paul Design Team; **6** Steven Wooster/GPL, Anthony Paul Design; **7** Gary Rogers; **8** Ron Sutherland/GPL, Anthony Paul Design; **9** oben Gary Rogers, unten Eric Crichton; **10–11** Gary Rogers; **12** oben ARGE Holz, unten Nature + Science/Wolfram Stehling; **13–15** Nature + Science/ Wolfram Stehling; **16** oben Archiv Howcroft, unten George Meister, Designers LA. Wolfgang Niemeyer und Arch. Robert Rappold; **17–19** Wolfram Stehling; **20** George Meister, Designers LA. Wolfgang Niemeyer und Arch. Robert Rappold; **21** Gudrun Lehneis, Mien Ruys Garten; **22** oben Gary Rogers, unten Ron Sutherland/GPL; **23** Jerry Pavia/GPL; **24** oben Gary Rogers, Designer Isobel Green & Associates, unten John de Visser, Feir Mill; **25** oben Gary Rogers, Chelsea Flower Show '95, The Writer's Garden, Designers Bunny Guinness & Wyevale Design Team, unten Ron Sutherland/ GPL; **26** nach »Mit Holz gestalten«, ARGE Holz; **27** oben links Jerry Pavia/GPL, oben rechts Gary Rogers, unten M. Lamontagne/GPL; **28** oben High Weald Design, unten Ron Sutherland/ GPL; **30** oben Heidi Howcroft, unten links Eric Crichton, Wombourne Wodehouse, England, unten rechts Stephan Kirchner; **31** Peter Howcroft; **32–33** David Alexander; **35** Gary Rogers, Chelsea Flower Show '95, Harpers & Queens Classic Garden, Designer Clifton Landscape & Design; **36** oben George Meister, unten Archiv Howcroft nach »The House of Boughs«; **37** Archiv Howcroft; **39** oben Gary Rogers, Designer Nic Goodwin, NZ, unten Gary Rogers, Designer Jack Chandler & Associates, Yountville, USA; **40** Gary Rogers; **41** oben Gary Rogers, unten Heidi Howcroft, Barrington Court, England; **42** Eric Crichton; **43** rechts Steven Wooster/GPL, Old Rectory, Annie Huntington Design, unten Gary Rogers; **44–45** George Meister; **46** Eric Crichton; **47** Gary Rogers, Designer Ulrich & Hannelore Timm; **48** oben Heidi Howcroft, unten Peter Howcroft, Les Colombières, France; **49** Heidi Howcroft, The Huntington, LA., USA; **50** Heidi Howcroft, La Serre de la Madone, France; **51** Gary Rogers, Design Frances Machin; **52** John Peden, The Lathe House, NC, USA, Designer Wayne Hall; **53** Gary Rogers; **54** oben Gary Rogers, unten Heidi Howcroft, Glendurgan, England; **55** oben Gary Rogers, unten links Eric Crichton, Bailey London Garden, unten rechts Gary Rogers, Hazelbury Manor, Stuart Garden Architecture; **56** oben Gary Rogers, unten links Heidi Howcroft, Parnham House, England, unten rechts Gary Rogers, Chelsea Flower Show '95, The Writer's Garden, Designers Bunny Guinness & Wyevale Design Team; **57** oben George Meister, Ausführung: Berufsbildungsstätte der Bauinnung München, unten Gary Rogers, Designer Philip Watson, USA; **58** Archiv Howcroft; **59** Gary Rogers; **60** oben Gary Rogers, unten links George Meister Schloß Rammenau, Sachsen, unten rechts Gary Rogers; **61** oben Archiv Howcroft, unten Eric Crichton; **63–66** George Meister; **67** oben Gary Rogers, unten Mitte Gary Rogers, unten links Archiv Howcroft, unten rechts Heidi Howcroft, The Lost Gardens of Heligan, England; **68** oben Gary Rogers, Designer Stephan Kirchner, unten Gary Rogers; **69–75** George Meister; **76–77** oben High Weald Design; **77** unten links John des Visser, Feir Mill, unten rechts Heidi Howcroft; **79** oben Eric Crichton, unten Heidi Howcroft, English Hurdle, Somerset, England; **81** oben George Meister, Mitte und unten Heidi Howcroft; **82** oben Heidi Howcroft, Snowshill Manor, England, unten Archiv Howcroft; **83** oben Heidi Howcroft, English Hurdle, Somerset, England, unten Heidi Howcroft, East Lambrook Manor, England; **84** oben Heidi Howcroft, English Hurdle, Somerset, England, unten SBKL; **85** oben Heidi Howcroft, Hadspen Garden, England; unten Heidi Howcroft; **86–88** SBKL; 89 oben Heidi Howcroft, unten George Meister; **90–91** Mitte SBKL, **91** unten Heidi Howcroft; **92** oben SBKL; **92** unten Archiv Howcroft; **93** oben George Meister, unten Archiv Howcroft; **94** oben Heidi Howcroft, unten George Meister; **95** Heidi Howcroft, Trelissick, England; **96–98** oben John de Visser, Feir Mill, Ontario, Kanada, Designers Anne Roberts & Don Cochrane; **98** unten Heidi Howcroft, Trelissick, England; **99** John de Visser, Feir Mill, Ontario, Kanada; **100** oben Heidi Howcroft, Dunham Park, England, unten Peter Howcroft, York Gate, England; **101** oben, unten rechts John de Visser, Feir Mill, unten links Heidi Howcroft, Trelissick, England; **102** oben Archiv Howcroft, unten John de Visser, Feir Mill, Ontario, Kanada, Designers Anne Roberts & Don Cochrane; **103–106** Christopher Dew, Feir Mill, Ontario, Kanada, Designers Anne Roberts & Don Cochrane; **107** links: Anne Roberts, Don Cochrane; rechts John de Visser, Feir Mill, Kanada; **108–109** Garpa Garten & Park Einrichtungen; **110** oben George Meister, unten links Heidi Howcroft, Glendurgan, England, unten rechts Gary Rogers, Barrington Court, England; **112** oben Garpa Garten & Park Einrichtungen, unten Heidi Howcroft; **113** Heidi Howcroft, Parnham House, England; **114** links Stephen Kirchner, oben Eric Crichton, unten Gary Rogers, Barrington Court, England; **115** oben Heidi Howcroft, Parnham House, Mitte Derry Robinson, Wales & Wales, England, unten links Gary Rogers, unten rechts Heidi Howcroft; **116** links Heidi Howcroft, The Lost Garden of Heligan, England, rechts Gary Rogers; **117** links Gary Rogers, Designer Herbert Schmahl Hagen, rechts Peter Howcroft, Grey's Court, England; **118** John de Visser, Feir Mill, Kanada; **121** oben rechts George Meister, Zeichnungen und **122**: Entnommen aus »Timber for Woodworkers«, Evans, 1959, Archiv Howcroft; **124** oben, Mitte George Meister, unten ARGE Holz; **125** oben George Meister, Mitte und unten ARGE Holz; **126** George Meister; **127** oben Heidi Howcroft, unten George Meister; **128** oben ARGE Holz, Mitte und unten George Meister; **129–130** George Meister; **131** Heidi Howcroft; **132, 134** links Archiv Howcroft; **134** rechts Gary Rogers; **137** George Meister, Ausführung: Berufsbildungsstätte der Bauinnung München; **139–140** oben Archiv Howcroft; **140** Mitte und unten George Meister; **141–144** links Archiv Howcroft; **144** rechts George Meister; **145** links Gary Rogers, unten rechts; **146** links aus »Bauen mit Holz im Park und Garten«, **146** rechts Archiv Howcroft; **147–148** unten links Archiv Howcroft; **148** unten Mitte aus »Bauen mit Holz im Park und Garten«, rechts nach Katalog BMF, Baubeschläge GmbH; **150** Eric Crichton; **151** Archiv Howcroft; **153** oben, unten links, ARGE Holz, rechts George Meister; **155** Brian Carter/GPL, Chelsea Flower Show '87, Help the Aged Garden; **156** Eric Crichton, Chelsea Flower Show '94, London Garden; **157** George Meister; **159** Gary Rogers.

GPL: Garden Picture Library, London, England; SBKL: Staatliche Berufsfachschule für Korbflechterei, Lichtenfels, Deutschland.

## LITERATUR

*Handwerkliche Holzverbindungen der Zimmerer*, Manfred Gerner, Stuttgart 1992
*Behandlung von Holz im Freien*, bearbeitet von Günther Harkort, Stuttgart 1987
*Bauen und Basteln im Garten*, Augsburg 1994
*Hecken und Zäune, Gitter und Mauern*, Heidi Howcroft, München 1993
*Schöne Gartenhäuser und Lauben*, Helge Köckert, Stuttgart 1989
*Grundwissen des Zimmerers*, Franz Krämer, Karlsruhe 1991
*Das Zimmermanns Buch*, Theodor Krauth und Peter Sales Meyer, 1895 Leipzig (Reprint)
*Taschenbuch für den Garten-, Landschafts- und Sportplatzbau*, Richard Lehr, Berlin 1997
*Gartenhaus, Laube, Pergola*, Niederstrasser/Spalink-Sievers/Weddige, München 1989
*Holzbaukunst, Der Blockbau*, Hermann Phleps, Karlsruhe 1981
*Holzschutzmittelverzeichnis*, Schriften des Deutschen Instituts für Bautechnik, Berlin, Stand Aug. 1997
*Gartenhäuser, Pergolen, Rankgitter*, Siegfried Stein, München 1997

## DIN-NORMEN

*DIN-Taschenbuch 31, Normen über Holz*

DIN 4070 Teil 1 und 2 Nadelholz, Querschnittsmaße und statische Werte
DIN 4071 Teil 1 Ungehobelte Bretter und Bohlen aus Nadelholz, Maße
DIN 4072 Gespundete Bretter aus Nadelholz
DIN 4073 Teil 1 Gehobelte Bretter und Bohlen aus Nadelholz, Maße
DIN 4074 Teil 1 Sortierung von Nadelholz nach der Tragfähigkeit, Nadelschnittholz, Teil 2 Sortierung von Nadelholz nach der Tragfähigkeit, Nadelrundholz
DIN 4076 Teil 1–5 Benennung und Kurzzeichen auf dem Holzgebiet
DIN 52175 Holzschutz, Begriff Grundlagen
DIN 52181 Bestimmung der Wuchseigenschaften von Nadelschnittholz
DIN 52183 Bestimmung des Feuchtigkeitsgehaltes
DIN 52184 Bestimmung der Quellung und Schwindung
DIN 63367 Bestimmung der Gütemerkmale von Laubschnittholz
DIN 68119 Holzschindeln
DIN 68141 Holzverbindungen
DIN 68252 Begriffe für Schnittholz
DIN 68256 Gütemerkmale von Schnittholz
DIN 68364 Kennwerte von Holzarten
DIN 68365 Bauholz für Zimmerarbeiten, Gütebedingungen
DIN 68800 Holzschutz im Hochbau
DIN 7926 Spielgeräte

RAL-GZ 411 »Güte- und Prüfbestimmungen für kesseldruckimprägnierte Palisaden und Holzbauelemente für den Garten-, Landschafts- und Spielplatzbau«

### Broschüren und Ausstellungskataloge

*Entsorgung von schmutzhaltigen Hölzern und Reststoffen*, Informationsdienst Holz, Arbeitsgemeinschaft Holz e.V. Deutsche Gesellschaft für Holzforschung e.V., München, 1993
*Die Schönheit der Spaliere*, Handwerkspflege in Bayern, München 1988
*Zäune, Gitter, Tore*, Handwerkspflege in Bayern, München 1986
*Bänke in Park und Garten*, Peter Nickl (Hrsg.), Eurasburg, 1998

### Englische Sprache

*Woodworking Projects for the Garden*, Richard Freudenberger, Sterling/Lark Books, New York 1994
*Landscape Construction, Vol. 1. Walls, Fences and Railings*, C.A. Fortlage and E. T. Philips, Gower Publishers, Aldershot 1992
*Collins Good Woodworking Guide*, Albert Jackson & David Day, HapersCollins, London 1996
*Green Woodworking*, Drew Langsner, Lark Books, Ashville, USA, 1995
*The House of Boughs*, Ed. E. Wilkinson & Marjorie Henderson, New York 1985

### Antiquarisch

*Timber for Woodworkers*, Ed. J.C.S. Brough, 1959, London, Evans Bros. Ltd.
*Woodland Crafts in Britain*, Herbert L. Edlin, Devon, England 1949, Reprint David & Charles, 1974

*Volkskundliches aus dem bayerisch-österreichischen Alpengebiet*, Marie Andree Eysen, Braunschweig, 1910
*Bauen mit Holz in Park und Garten*, Hallmann/Rohn/Lingnau, München 1984
*Woodworking, A Book of Tools, Materials and Processes for the Handyman*, Edited by Paul N. Hasluck 1906, London, Paris, New York & Melbourne, Cassel and Company Limited
*Garden Woodworking*, Ed. Charles H. Hayward, 1961, London, Evans Bros. Ltd.
*The Practical Woodworker*, Vol. II, Ed. Bernard E. Jones, London, ca. 1930 The Waverley Book Co. Ltd.
*Die Korbflechterei*, Christoph Will, München 1978

Zita Bauch-Troschke
Begrünte Wände
Lauben und Pergolen
Gestaltung mit Kletterpflanzen und Spalierobst
Callwey
rund ums Haus

Heidi Howcroft
Das Pflaster im Garten
150 Beispiele
für schönere Wege,
Terrassen, Treppen
Callwey
rund ums Haus

SUSAN BERRY
Gärten
in der Stadt
GRÜNE IDYLLE ZWISCHEN MAUERN
CALLWEY